加群からはじめる代数学入門

線形代数学から抽象代数学へ

Ariki Susumu
有木 進

日本評論社

まえがき

この教科書は、1 回生で線形代数を学び、2 回生春夏学期で広義固有空間を用いた Jordan 標準形の計算を学んだ学生に対し、2 回生秋冬学期に抽象代数学への入門を図ることを想定しています。数学科の学生は群論、環論、体論（Galois 理論）の本格的な講義を 3 回生で学ぶのが標準と思います。この教科書は線形代数と本格的な代数学のあいだを補間するものです。特徴としては、線形代数からの自然な接続を実現するためまず体上の線形空間を導入し、線形空間の概念を環上の加群の概念に一般化する中で環、群という概念を順に導入する、つまり体 $\to$ 環 $\to$ 群の順に概念が導入されていくところです。

体上の加群の部分加群と商加群、体上の一変数多項式環の加群の部分加群と商加群、一般の環上の加群の部分加群と商加群、最後に可換とは限らない群の正規部分群による商群、と繰り返すことで、商加群という概念を理解してもらおうと努めました。また、部分空間の表示、有理整数環や体係数一変数多項式環上の線形代数、など具体例と明示的な計算手法の提示を重視しました。

行列の固有値・固有ベクトルの理論を一変数多項式環の加群理論として理解し直すことが目標のひとつとなります。また、複素正方行列 A の Jordan 標準形を多項式成分行列 $xE - A$ の Smith 標準形から求める理論や Cayley–Hamilton の定理の別証明を抽象代数学の応用例として説明しています。このような視点の転換をおもしろいと思い、代数学を志す学生が増えることを祈っています。

2021 年 2 月

著　者

目 次

第1章 体上の加群
（別名：線形空間またはベクトル空間）

1.1　実線形空間

$\mathbb{R}$ を実数全体のなす集合とする。高校で習ったように、実数の集合 $\mathbb{R}$ には四則演算と順序が定義されている。また、$\mathbb{R}$ を直線と同一視することが多い。

註 1.1　無限小数とは小数点の左に有限、右に無限に続く $\{0, 1, \cdots, 9\}$ の列である。小学校で正分数を循環小数に書き直す練習をしたと思う。しかし、微分積分の講義で学んだように、正の実数のなす集合が無限小数の集まりだと思うのは正確ではない。実際、$x = 0.999\cdots$ と置くとき

$$9x = 10x - x = 9.999\cdots - 0.999\cdots = 9$$

より $x = 1$ だから $0.999\cdots = 1.000\cdots$ という議論をときおり見るが、この議論は、無限小数で表示される集合で有理数と同じ規則の四則演算が可能なら異なる無限小数が同じ数を表わす必要があるということを意味している。

無限小数 a を小数点以下第 k 位までで打ち切って得られる有限小数を a_k とする。無限小数と違い、有限小数の差は小学校で習った計算方法で計算できる。そこで、ふたつの無限小数 a, b に対し $|a_k - b_k|$ を計算して小数点以下第 n_k 位まで 0 が続いて現れるとする。このとき、

$$\lim_{k\to\infty} n_k = \infty$$

ならば a, b は同じ実数を表わすと定義し、$a = b$ と書く。

たとえば、$a = 0.999\cdots$, $b = 1.000\cdots$ なら

$$|a_1 - b_1| = |0.9 - 1.0| = 0.1, \ \ |a_2 - b_2| = |0.99 - 1.00| = 0.01, \ \cdots$$

だから $n_k = k - 1 \to \infty$ である。要は 1 が右の彼方に消えてしまうときは 0 と区別しないということである。0 以上の実数に負号をつけた 0 以下の実数も考え、$\mathbb{R}$ が得られる。10 進法ではなく一般の N 進法を用いて $\mathbb{R}$ を定義してもよい。

定義 1.1　$\mathbb{R}^n = \{(x_1, \cdots, x_n) \mid x_1, \cdots, x_n \in \mathbb{R}\}$ を n 次元ユークリッド空間と呼ぶ。三平方の定理（ピタゴラスの定理）に基づき、

$$X = (x_1, \cdots, x_n) \in \mathbb{R}^n, \qquad Y = (y_1, \cdots, y_n) \in \mathbb{R}^n$$

の距離を $d(X, Y) = \sqrt{(x_1 - y_1)^2 + \cdots + (x_n - y_n)^2}$ と定める。

定義 1.2　点 $P = (p_1, \cdots, p_n) \in \mathbb{R}^n$ を始点とする方向ベクトルの集まり

$$\left\{ \begin{pmatrix} a_1 \\ \vdots \\ a_n \end{pmatrix} \middle| \ a_1, \cdots, a_n \in \mathbb{R} \right\}$$

を点 P における接空間と呼ぶ。点 P における接空間を $T_P\mathbb{R}^n$ と書くべきであるが、P の取り方によらず同じ集合なので以下単に $\mathbb{R}^n$ と書く。

ユークリッド空間も接ベクトルの全体も同じ記号 $\mathbb{R}^n$ なので混乱するが、前者は単なる空間であり、後者はつねに線形空間と考える。線形代数の講義で学ぶ $\mathbb{R}^n$ は後者の意味である。線形空間の定義をすでに習っているはずなので定義を確認することを問としよう。

問 1.1　集合 V が $\mathbb{R}$ 上の線形空間であることの定義を次のふたつの公理に分けて述べよ。

- 加法に関する公理
- 実数倍に関する公理

$\mathbb{R}$ 上の線形空間を実線形空間とも呼ぶ。線形空間をベクトル空間とも呼ぶ。

例 1.1 $\mathbb{R}^n$ が

$$\begin{pmatrix} a_1 \\ \vdots \\ a_n \end{pmatrix} + \begin{pmatrix} b_1 \\ \vdots \\ b_n \end{pmatrix} = \begin{pmatrix} a_1 + b_1 \\ \vdots \\ a_n + b_n \end{pmatrix}$$

を加法とし、実数倍を

$$c \begin{pmatrix} a_1 \\ \vdots \\ a_n \end{pmatrix} = \begin{pmatrix} ca_1 \\ \vdots \\ ca_n \end{pmatrix}$$

と定めることにより実線形空間になることは線形代数で習った通りである。また、$\mathbb{R}^n$ には内積が

$$\left\langle \begin{pmatrix} a_1 \\ \vdots \\ a_n \end{pmatrix}, \begin{pmatrix} b_1 \\ \vdots \\ b_n \end{pmatrix} \right\rangle = \sum_{i=1}^{n} a_i b_i$$

で定義されていて、ベクトルの長さやベクトルのなす角を考えることができるが、これは実線形空間の特殊性である。

例 1.2 $C^0(\mathbb{R}/2\pi\mathbb{Z})$ を 1 次元ユークリッド空間 $\mathbb{R}$ 上の実数値連続関数 $f : \mathbb{R} \to \mathbb{R}$ で $f(x + 2\pi) = f(x)$ をみたすもの全体のなす集合とする。

(1) 加法を $f, g \in C^0(\mathbb{R}/2\pi\mathbb{Z})$ に対し

$$f + g : x \mapsto f(x) + g(x) \qquad (x \in \mathbb{R})$$

(2) 実数倍を $c \in \mathbb{R}$, $f \in C^0(\mathbb{R}/2\pi\mathbb{Z})$ に対し

$$cf : x \mapsto cf(x) \qquad (x \in \mathbb{R})$$

で定めると、$C^0(\mathbb{R}/2\pi\mathbb{Z})$ は実線形空間である。

1.2　体上の線形空間

四則演算が定められている集合を体と呼ぶ。体の定義を覚えることも大事であるが、それよりも中学・高校で習った種々の例が体の例に他ならないことを理解し、自由に計算できることの方がはるかに重要である。体の公理はすべて中学で習った計算規則に他ならない。

定義 1.3　集合 $\mathbb{K}$ が体とは、加法および乗法と呼ばれる二項演算

$$\mathbb{K} \times \mathbb{K} \longrightarrow \mathbb{K} : (a, b) \mapsto a + b$$

$$\mathbb{K} \times \mathbb{K} \longrightarrow \mathbb{K} : (a, b) \mapsto ab$$

が与えられていて次をみたすときをいう。

(1) 加法は次の条件をみたす。

(i) 加法の結合法則 $(a + b) + c = a + (b + c)$ $(a, b, c \in \mathbb{K})$ が成り立つ。

(ii) 加法の交換法則 $a + b = b + a$ $(a, b \in \mathbb{K})$ が成り立つ。

(iii) 零元と呼ばれる $\mathbb{K}$ の要素 $0 \in \mathbb{K}$ が存在して $a + 0 = a$ $(a \in \mathbb{K})$ が成り立つ。

(iv) 任意の $a \in \mathbb{K}$ に対し $a + (-a) = 0$ をみたす $\mathbb{K}$ の要素 $-a \in \mathbb{K}$ が存在する。

(2) 乗法は次の条件をみたす。

(i) 乗法の結合法則 $(ab)c = a(bc)$ $(a, b, c \in \mathbb{K})$ が成り立つ。

(ii) 乗法の交換法則 $ab = ba$ $(a, b \in \mathbb{K})$ が成り立つ。

(iii) 単位元と呼ばれる $\mathbb{K}$ の要素 $1 \in \mathbb{K}$ が存在して $a1 = a$ $(a \in \mathbb{K})$ が成り立つ。ただし $1 \neq 0$ とする。

(iv) 任意の $0 \neq a \in \mathbb{K}$ に対し $aa^{-1} = 1$ をみたす要素 $0 \neq a^{-1} \in \mathbb{K}$ が存在する。

(3) 分配法則 $a(b + c) = ab + ac$ $(a, b, c \in \mathbb{K})$ が成り立つ。

実数の集合 $\mathbb{R}$ や複素数の集合 $\mathbb{C}$ は体である。中学・高校で学んだ数学を振

り返り現代数学に位置づけるとき、下記は重要な注意である。

(I) 実数体 $\mathbb{R}$ は体の中でかなり特殊な位置を占める。なぜなら、一般の体は順序を定義できないのが普通だからである。実際、係数が $\mathbb{R}$ なら成り立つが一般の体だと成り立たない線形代数の定理も多く存在し応用上重要である。他方で、線形代数の定理は係数が体ならば成り立つものがほとんどである。数学科の学生は、一般の体で成り立つ定理と実数体に対してのみ成り立つ定理を区別できる必要がある。

(II) 実数係数一変数分数式の全体を $\mathbb{R}(x)$ と書く。$\mathbb{R}(x)$ は体である。ただし x は何かの値をとる変数とは考えず、計算するときには単なる記号として計算をする。高校 1 年で学ぶ分数式の計算は体 $\mathbb{R}(x)$ の四則演算の計算練習に他ならなかったのである。しかしながら高校 3 年で学ぶ微分積分では $\mathbb{R}(x)$ の要素を関数と思っている。この違いを明確に認識することが重要である。

(III) $\mathbb{Q}[\sqrt{2}] = \{a + b\sqrt{2} \mid a, b \in \mathbb{Q}\}$ は体である。中学で学ぶ有理化の操作は $\mathbb{Q}[\sqrt{2}]$ が体になることの証明に使われる。すなわち、除法が定義可能であることの証明に必要である。

$\mathbb{R}, \mathbb{C}$ 以外の体の例を挙げよう。体論を本格的に学ぶと、$\mathbb{F}_3$ 以外の有限体や代数的数のなす体、その他種々の拡大体など多くの例に出会うことができる。

例 1.3 収束を考えない複素係数冪級数の集合

$$\mathbb{C}((x)) = \left\{ \sum_{n=-m}^{\infty} c_n x^n \,\middle|\, m \in \mathbb{Z},\ \ c_n \in \mathbb{C}\,(n = -m, -m+1, \cdots) \right\}$$

は体である。

例 1.4 $\mathbb{F}_3 = \{0, 1, 2\}$ とする。$a, b \in \mathbb{F}_3$ に対し加法と乗法を $a + b$, ab を 3 で割った余りとすると次の表が得られ、$\mathbb{F}_3$ は体である。

+	0	1	2
0	0	1	2
1	1	2	0
2	2	0	1

×	0	1	2
0	0	0	0
1	0	1	2
2	0	2	1

例 1.5　$p \in \mathbb{N}$ を素数とし、実数のときと違い、小数点の右に有限、左に無限に続く $\{0, 1, \cdots, p-1\}$ の列を無限小数と呼び無限小数 a を小数点以上第 k 位までで打ち切って得られる有限小数を a_k とするとき、a_k を p 進法で書いた有理数と思う。ふたつの無限小数 a, b に対し有理数 $a_k - b_k$ の分母が p でちょうど n_k 回、分子が p でちょうど m_k 回割り切れるとする。このとき、

$$\lim_{k \to \infty} (m_k - n_k) = \infty$$

ならば a, b は同じ p 進数を表すと定義し、$a = b$ と書く。p 進数全体の集合 $\mathbb{Q}_p$ は体である。除法が定義できることの証明は $\mathbb{C}((x))$ と同様であり、小数点の左に $p-1$ が無限個並ぶ無限小数が $-1 \in \mathbb{Q}_p$ を与えるので減法が定義できる。実際、a を小数点の左に $p-1$ が無限個並ぶ無限小数、$b = -1$ として $a_k - b$ を計算し p 進法で書くと $k \to \infty$ で 1 が左の彼方に消えてしまう現象が観察できるから a が -1 の役割を果たす。

次に実数でのみ成り立つ定理の例を挙げよう。

例 1.6　実行列 A に対し $\mathrm{rank}({}^t\!AA) = \mathrm{rank}(A)$ である。実際、$x \in \mathrm{Ker}(A)$ ならば $x \in \mathrm{Ker}({}^t\!AA)$ であり、逆に $x \in \mathrm{Ker}({}^t\!AA)$ なら

$$|Ax|^2 = {}^t(Ax)(Ax) = {}^t\!x\,{}^t\!AAx = 0$$

より $Ax = 0$ だから $x \in \mathrm{Ker}(A)$ を得るので、$\mathrm{Ker}(A) = \mathrm{Ker}({}^t\!AA)$ となる。ゆえに次元公式から $\mathrm{rank}({}^t\!AA) = \mathrm{rank}(A)$ となる。他方で、下記の複素対称行列は ${}^t\!AA = O$ だから $\mathrm{rank}({}^t\!AA) \neq \mathrm{rank}(A)$ である。

$$A = \begin{pmatrix} 1 & \sqrt{-1} \\ \sqrt{-1} & -1 \end{pmatrix}$$

例 1.7　実対称行列は直交行列で対角化可能だが、複素対称行列は対角化可能とは限らない。

$\mathbb{K}$ を体とするとき、$\mathbb{K}$ 成分の行列の加法・乗法が定義できて、加法と乗法の結合法則、加法の交換法則、左分配法則および右分配法則が成り立つ。

(1) 単位行列や零行列の定義と性質も実数成分行列の場合と同じである。
(2) 基本行列の定義と性質も実数成分行列の場合と同じである。
(3) 簡約形と階数標準形の存在と一意性も実数成分行列の場合と同じである。
(4) 逆行列の公式や Cramer の公式も実数成分行列の場合と同じである。
(5) Cayley–Hamilton の定理も実数成分行列の場合と同じである。

なぜなら、これらの証明には四則演算の性質しか使っていないからである。この教科書では、m 行 n 列 $\mathbb{K}$ 成分行列の全体のなす集合を $\mathrm{Mat}(m,n,\mathbb{K})$ で表わす。

体 $\mathbb{K}$ 上の簡約形の理論を用いて $\mathbb{K}$ 成分行列の階数を定義できる。

定義 1.4 行列 $A \in \mathrm{Mat}(m,n,\mathbb{K})$ の階数標準形の非零成分の個数を A の階数と呼び、$\mathrm{rank}(A)$ と書く。とくに $\mathrm{rank}({}^tA) = \mathrm{rank}(A)$ が成り立つ。

定義 1.5 $\mathbb{K}$ を体とする。集合 V が $\mathbb{K}$ 上の線形空間であるとは、実線形空間の定義で $\mathbb{R}$ を $\mathbb{K}$ に変えた公理をみたすときをいう。$\mathbb{K}$ 上の線形空間を $\mathbb{K}$–加群とも呼ぶ。

問 1.2 集合 V が体 $\mathbb{K}$ 上の線形空間であることの定義を下記のふたつの公理に分けて述べよ。

- 加法に関する公理
- $\mathbb{K}$ 倍に関する公理

例 1.8 $\mathbb{R}^n$ の $\mathbb{R}$ を $\mathbb{K}$ に変えて $\mathbb{K}^n$ を定義する。$\mathbb{K}^n$ の加法と定数倍を $\mathbb{R}^n$ と同様に定義すれば $\mathbb{K}^n$ は $\mathbb{K}$ 上の線形空間である。

定義 1.6 V を体 $\mathbb{K}$ 上の線形空間、$0 \in V$ を零ベクトルとする。部分集合 $W \subseteq V$ が V の部分空間とは条件

(i) $0 \in W$,
(ii) 任意の $u, v \in W$ に対し $u + v \in W$,
(iii) 任意の $c \in \mathbb{K}$, $u \in W$ に対し $cu \in W$

をみたすときをいう。

補題 1.1　V を体 $\mathbb{K}$ 上の線形空間とし、W を V の部分空間とする。部分空間の定義より W の加法と $\mathbb{K}$ 倍を V の加法と $\mathbb{K}$ 倍の制限として定義することができ、この加法と $\mathbb{K}$ 倍に関して W も体 $\mathbb{K}$ 上の線形空間である。

1.3　基底

定義 1.7　V を体 $\mathbb{K}$ 上の線形空間とする。有限個の元 $v_1, \cdots, v_m \in V$ が存在して

$$V = \left\{ \sum_{i=1}^{m} c_i v_i \,\middle|\, c_1, \cdots, c_m \in \mathbb{K} \right\}$$

となるとき、V は $v_1, \cdots, v_m \in V$ で生成される、または張られるといい、

$$V = \mathbb{K}v_1 + \cdots + \mathbb{K}v_m \quad \text{または} \quad V = \langle v_1, \cdots, v_m \rangle_{\mathbb{K}}$$

と略記し、V を有限次元線形空間と呼ぶ。V を張る集合 $\{v_1, \cdots, v_m\}$ の中で m が最小のものを V の基底と呼ぶ。m の最小値を V の次元と呼び、$\dim V$ で表わす。基底 $\{v_1, \cdots, v_m\}$ の要素の並べ方も指定するときは $(v_1, \cdots, v_m)$ と書き、順序を決めた基底と呼ぶこととする。

定義 1.8　V を体 $\mathbb{K}$ 上の線形空間とする。部分集合 $\{v_1, \cdots, v_m\} \subseteq V$ が一次独立または線形独立とは、関係式

$$c_1 v_1 + \cdots + c_m v_m = 0 \qquad (c_1, \cdots, c_m \in \mathbb{K})$$

から $c_1 = 0, \cdots, c_m = 0$ を証明できるときをいう。

補題 1.2　V を体 $\mathbb{K}$ 上の有限次元線形空間とする。$\{v_1, \cdots, v_m\}$ が V の基底になることと次の 2 条件が成り立つことは同値である。

(i) $\{v_1, \cdots, v_m\}$ が V を生成する。

(ii) $\{v_1, \cdots, v_m\}$ が一次独立である。

証明　$\{v_1, \cdots, v_m\}$ が V の基底とする。(i) は基底の定義に含まれているから (ii) を示す。もしある $c_1, \cdots, c_m \in \mathbb{K}$ に対して $c_1 v_1 + \cdots + c_m v_m = 0$

かつ $c_i \neq 0$ となるならば、v_i を除いた集合 $\{v_1, \cdots, \widehat{v_i}, \cdots, v_m\}$ が V を張るから m の最小性に矛盾する。ゆえに $\{v_1, \cdots, v_m\}$ は一次独立である。

逆に (i), (ii) が成り立つとする。もし m が最小でないならば V の基底 $\{w_1, \cdots, w_n\}$ が存在して $n < m$ である。$\{w_1, \cdots, w_n\}$ は V を張るから、$a_{ij} \in \mathbb{K}$ $(1 \leq i \leq n,\ 1 \leq j \leq m)$ が存在して

$$v_j = \sum_{i=1}^{n} a_{ij} w_i \qquad (1 \leq j \leq m)$$

と書ける。$A = (a_{ij})_{1 \leq i \leq n,\, 1 \leq j \leq m} \in \mathrm{Mat}(n, m, \mathbb{K})$ に対し連立一次方程式 $Ax = 0$ を考えると、Gauss–Jordan 掃き出し法による解の計算には四則演算しか使っていないので、一般の体の場合にも簡約形を求めることで解を求めることができる。すると $n < m$ より非自明解

$$c = \begin{pmatrix} c_1 \\ \vdots \\ c_m \end{pmatrix} \in \mathbb{K}^m$$

が存在し、この解に対し

$$c_1 v_1 + \cdots + c_m v_m = (v_1, \cdots, v_m)c = (w_1, \cdots, w_n)Ac = 0$$

が成り立つので $\{v_1, \cdots, v_m\}$ の一次独立性に反する。 □

1.4　行列と部分空間の表示

定義 1.9　$\mathbb{K}$ を体とする。$A \in \mathrm{Mat}(m, n, \mathbb{K})$ に対し

$$\mathrm{Ker}(A) = \{v \in \mathbb{K}^n \mid Av = 0\}, \qquad \mathrm{Im}(A) = \{Au \in \mathbb{K}^m \mid u \in \mathbb{K}^n\}$$

と定め、$\mathrm{Ker}(A)$ を A の核 (Kernel)、$\mathrm{Im}(A)$ を A の像 (Image) と呼ぶ。

線形代数で学んだ証明がそのまま動くので、$\mathrm{Ker}(A)$ と $\mathrm{Im}(A)$ の次元公式は問としよう。

問 1.3　$\mathbb{K}$ を体、$A \in \mathrm{Mat}(m, n, \mathbb{K})$ とする。次を示せ。

(a) $\mathrm{Ker}(A)$ は $\mathbb{K}^n$ の部分空間で $\dim \mathrm{Ker}(A) = n - \mathrm{rank}(A)$ である。

(b) $\mathrm{Im}(A)$ は $\mathbb{K}^m$ の部分空間で $\dim \mathrm{Im}(A) = \mathrm{rank}(A)$ である。

部分空間を抽象的にわかっているだけでは不十分であり、計算可能な具体的な形で表示できることが重要である。具体的に表示するには核表示と像表示が使われる。

定義 1.10　$V \subseteq \mathbb{K}^n$ を部分空間とする。

(a) $A \in \mathrm{Mat}(m, n, \mathbb{K})$ を用いて $V = \mathrm{Ker}(A)$ と表わすとき、V の核表示と呼ぶ。

(b) $A \in \mathrm{Mat}(n, m, \mathbb{K})$ を用いて $V = \mathrm{Im}(A)$ と表わすとき、V の像表示と呼ぶ。

(a) の場合、$v \in \mathbb{K}^n$ が V に属するかどうかを Av の計算で判定できるので A を検査行列と呼ぶことがある。(b) の場合、V のすべての元を Au の形で得られるので A を生成行列と呼ぶことがある。

補題 1.3　V を $v_1, \cdots, v_m \in \mathbb{K}^n$ で生成される $\mathbb{K}^n$ の部分空間とすると、$A = (v_1, \cdots, v_m) \in \mathrm{Mat}(n, m, \mathbb{K})$ に対し $V = \mathrm{Im}(A)$ である。

補題 1.4　$\mathbb{K}$ を体、$U, V \subseteq \mathbb{K}^n$ を部分空間とする。

(1) $U = \mathrm{Im}(A)$, $V = \mathrm{Im}(B)$ を像表示とする。部分空間

$$U + V = \{u + v \in \mathbb{K}^n \mid u \in U,\ \ v \in V\}$$

に対し、$C = (A, B)$ と置けば $U + V = \mathrm{Im}(C)$ である。

(2) $U = \mathrm{Ker}(A)$, $V = \mathrm{Ker}(B)$ を核表示とする。部分空間 $U \cap V$ に対し、

$$C = \begin{pmatrix} A \\ B \end{pmatrix}$$

と置けば $U \cap V = \mathrm{Ker}(C)$ である。

$\mathbb{K}^n$ の標準基底を

$$e_1 = \begin{pmatrix} 1 \\ 0 \\ \vdots \\ 0 \end{pmatrix}, \quad \cdots\cdots \quad , e_n = \begin{pmatrix} 0 \\ \vdots \\ 0 \\ 1 \end{pmatrix}$$

と表わす。部分空間を像表示で与えたとき、この部分空間の基底を求めるには次のようにすればよい。

命題 1.1 $V \subseteq \mathbb{K}^n$ を部分空間、$V = \mathrm{Im}(A)$ を V の像表示とする。A の簡約形において $e_1, \cdots, e_r$ が j_1 列から j_r 列に現れるとする。ただし $r = \mathrm{rank}(A)$ である。このとき、A の j_1 列から j_r 列を $a_{j_1}, \cdots, a_{j_r}$ とすると、$\{a_{j_1}, \cdots, a_{j_r}\}$ は V の基底である。

証明 簡約形を計算するには行基本変形を繰り返すが、これは基本行列の積 P を左から掛けることと同じである。ゆえに

$$Pa_{j_1} = e_1,\ Pa_{j_2} = e_2,\ \cdots,\ Pa_{j_r} = e_r$$

であり、簡約形の形を見れば $j \neq j_1, \cdots, j_r$ に対し $Pa_j \in \mathbb{K}e_1 + \cdots + \mathbb{K}e_r$ が成り立つ。P は可逆行列なので

$$a_j \in \mathbb{K}a_{j_1} + \cdots + \mathbb{K}a_{j_r} \qquad (j \neq j_1, \cdots, j_r)$$

を得る。つまり $V = \mathrm{Im}(A)$ は $\{a_{j_1}, \cdots, a_{j_r}\}$ で生成される。

他方、$c_1 a_{j_1} + \cdots + c_r a_{j_r} = 0$ $(c_1, \cdots, c_r \in \mathbb{K})$ ならば両辺に P を掛ければ

$$c_1 e_1 + \cdots + c_r e_r = 0$$

つまり $c_1 = 0, \cdots, c_r = 0$ だから $\{a_{j_1}, \cdots, a_{j_r}\}$ は一次独立である。 □

例 1.9 $\mathbb{R}^3$ の部分空間と $v_1, v_2, v_3 \in V$ を

$$V = \left\{ \begin{pmatrix} x \\ y \\ z \end{pmatrix} \in \mathbb{R}^3 \;\middle|\; x + y + z = 0 \right\}$$

$$v_1 = \begin{pmatrix} 1 \\ -1 \\ 0 \end{pmatrix}, \qquad v_2 = \begin{pmatrix} 1 \\ 0 \\ -1 \end{pmatrix}, \qquad v_3 = \begin{pmatrix} 0 \\ 1 \\ -1 \end{pmatrix}$$

と定める。このとき、$\{v_1, v_2, v_3\}$ は V を生成する。また、$\{v_1, v_2\}$, $\{v_1, v_3\}$, $\{v_2, v_3\}$ はすべて基底である。

$$A = (1, 1, 1), \qquad B = \begin{pmatrix} 1 & 1 & 0 \\ -1 & 0 & 1 \\ 0 & -1 & -1 \end{pmatrix}, \qquad C = \begin{pmatrix} 1 & 0 & 1 \\ -1 & 1 & 0 \\ 0 & -1 & -1 \end{pmatrix}$$

と置くと $V = \mathrm{Ker}(A) = \mathrm{Im}(B) = \mathrm{Im}(C)$ である。B, C の簡約形はそれぞれ

$$\begin{pmatrix} 1 & 0 & -1 \\ 0 & 1 & 1 \\ 0 & 0 & 0 \end{pmatrix}, \qquad \begin{pmatrix} 1 & 0 & 1 \\ 0 & 1 & 1 \\ 0 & 0 & 0 \end{pmatrix}$$

であるから、B の簡約形から基底 $\{v_1, v_2\}$ が、C の簡約形から基底 $\{v_1, v_3\}$ が得られる。

次の補題 1.5 は $\mathbb{K}^n$ の部分空間の像表示の存在を保証する。

補題 1.5　$\{0\} \neq V \subseteq \mathbb{K}^n$ が部分空間ならば、有限個の非零ベクトル $v_1, \cdots, v_m \in V$ を選んで

$$V = \{c_1 v_1 + \cdots + c_m v_m \mid c_1, \cdots, c_m \in \mathbb{K}\} = \mathbb{K}v_1 + \cdots + \mathbb{K}v_m$$

と書ける。また、$\{v_1, \cdots, v_m\}$ が V の基底になるように選ぶことができる。

証明　$V \neq \{0\}$ より $v_1 \in V \setminus \{0\}$ が取れて、$\mathbb{K}v_1 \subseteq V$ である。$\mathbb{K}v_1 \subsetneq V$ なら $v_2 \in V \setminus \mathbb{K}v_1$ を取る。以下この手続きを繰り返す。すなわち

$$V_k = \mathbb{K}v_1 + \cdots + \mathbb{K}v_k \subsetneq V \subseteq \mathbb{K}^n$$

なら $v_{k+1} \in V \setminus V_k$ を取る。この手続きが有限回で終了することを示すには $\{v_1, \cdots, v_k\}$ が V_k の基底であることを示せばよい。$\dim V_k = k$ なら、

$\dim V_k \leq \dim V \leq n$ よりこの手続きは n 回以下の繰り返しで終了するからである。$\{v_1, \cdots, v_k\}$ が一次独立であることを $k \in \mathbb{N}$ に関する帰納法で示す。

$$c_1 v_1 + \cdots + c_k v_k = 0 \qquad (c_1, \cdots, c_k \in \mathbb{K})$$

とするとき、$c_k \neq 0$ なら $v_k \notin V_{k-1}$ に反するから $c_k = 0$ であり、帰納法の仮定より $c_1 = 0, \cdots, c_{k-1} = 0$ を得る。 □

補題 1.5 と同じ証明により次の定理（基底の延長定理）が証明できる。

定理 1.1 V を体 $\mathbb{K}$ 上の有限次元線形空間、$W \subseteq V$ を部分空間とする。W の任意の基底に対し、この基底を部分集合として含む V の基底が取れる。とくに、$W \subseteq V$ かつ $\dim W = \dim V$ なら $W = V$ である。

部分空間 V が核表示で与えられたとき、V の基底を求めたり V の像表示を求めるのは簡単である。

命題 1.2 $V \subseteq \mathbb{K}^n$ を部分空間、$V = \mathrm{Ker}(A)$ を V の核表示とする。斉次連立 1 次方程式 $Ax = 0$ の基本解は V の基底を与え、基本解を並べた行列を B とすると像表示 $V = \mathrm{Im}(B)$ を得る。

例 1.10 下記の行列 $A \in \mathrm{Mat}(4, 5, \mathbb{C})$ に対し $V = \mathrm{Ker}(A)$ とする。

$$A = \begin{pmatrix} 1 & 1 & 3 & -2 & 1 \\ 3 & 0 & 3 & 7 & 2 \\ 2 & 1 & 4 & -1 & 3 \\ 1 & 2 & 5 & -5 & 0 \end{pmatrix}$$

V は連立一次方程式 $Ax = 0$ の解集合だから、Gauss–Jordan 掃き出し法で解いて基本解を求めればよい。行基本変形により A の簡約形を求めると

$$\begin{pmatrix} 1 & 0 & 1 & 0 & 3 \\ 0 & 1 & 2 & 0 & -4 \\ 0 & 0 & 0 & 1 & -1 \\ 0 & 0 & 0 & 0 & 0 \end{pmatrix}$$

だから、解は

$$x = \begin{pmatrix} -x_3 - 3x_5 \\ -2x_3 + 4x_5 \\ x_3 \\ x_5 \\ x_5 \end{pmatrix} = x_3 \begin{pmatrix} -1 \\ -2 \\ 1 \\ 0 \\ 0 \end{pmatrix} + x_5 \begin{pmatrix} -3 \\ 4 \\ 0 \\ 1 \\ 1 \end{pmatrix}$$

であり、基本解は

$$v_1 = \begin{pmatrix} -1 \\ -2 \\ 1 \\ 0 \\ 0 \end{pmatrix}, \qquad v_2 = \begin{pmatrix} -3 \\ 4 \\ 0 \\ 1 \\ 1 \end{pmatrix}$$

である。$\{v_1, v_2\}$ は一次独立だから $V = \mathrm{Ker}(A)$ の基底であり、

$$B = (v_1, v_2) = \begin{pmatrix} -1 & -3 \\ -2 & 4 \\ 1 & 0 \\ 0 & 1 \\ 0 & 1 \end{pmatrix} \in \mathrm{Mat}(5, 2, \mathbb{C})$$

と置けば V の像表示 $V = \mathrm{Im}(B)$ が得られる。

部分空間 V が像表示で与えられたとき、V の核表示を求めるには少し工夫がいる。

命題 1.3 $V \subseteq \mathbb{K}^m$ を部分空間、$V = \mathrm{Im}(A)$ を V の像表示とする。$\mathrm{Ker}({}^tA)$ の基底を並べて行列 B を作ると核表示 $V = \mathrm{Ker}({}^tB)$ を得る。

証明 $A \in \mathrm{Mat}(m, n, \mathbb{K})$ とする。次元公式より

$$\dim \mathrm{Ker}({}^tA) = m - \mathrm{rank}({}^tA) = m - \mathrm{rank}(A)$$

だから $B \in \mathrm{Mat}(m, m - \mathrm{rank}(A), \mathbb{K})$ かつ $\mathrm{rank}(B) = m - \mathrm{rank}(A)$ である。${}^tBA = O$ より $V = \mathrm{Im}(A) \subseteq \mathrm{Ker}({}^tB)$ であるが

$$\dim \mathrm{Ker}({}^tB) = m - \mathrm{rank}({}^tB) = m - \mathrm{rank}(B) = \mathrm{rank}(A) = \dim V$$

となるので、$V = \mathrm{Ker}({}^tB)$ を得る。 □

1.5 線形写像

定義 1.11 V, W を体 $\mathbb{K}$ 上の線形空間とするとき写像 $f : V \to W$ が線形写像とは条件

(i) $u, v \in V$ に対し $f(u + v) = f(u) + f(v)$,
(ii) $c \in \mathbb{K}$, $u \in V$ に対し $f(cu) = cf(u)$

が成り立つときをいう。線形写像を $\mathbb{K}$–加群準同型とも呼ぶ。また、$V = W$ のときは線形変換と呼ぶ。

定義 1.12 V, W を体 $\mathbb{K}$ 上の線形空間とする。線形写像 $f : V \to W$ と $g : W \to V$ が存在して互いに逆写像になっているとき V と W は同型な $\mathbb{K}$–加群であるといい、$V \simeq W$ と書く。

例 1.11 V を体 $\mathbb{K}$ 上の有限次元線形空間とする。V に順序を決めた基底 $(v_1, \cdots, v_m)$ を取ると、$v \in V$ に対し $c_1, \cdots, c_m \in \mathbb{K}$ が定まり

$$v = c_1v_1 + \cdots + c_mv_m$$

と書けるから、写像 $f : V \to \mathbb{K}^m$ と $g : \mathbb{K}^m \to V$ を

$$f : v \mapsto \begin{pmatrix} c_1 \\ \vdots \\ c_m \end{pmatrix}, \qquad g : \begin{pmatrix} c_1 \\ \vdots \\ c_m \end{pmatrix} \mapsto c_1v_1 + \cdots + c_mv_m$$

により定めると、f と g は線形写像であり、$V \simeq \mathbb{K}^m$ である。つまり、体 $\mathbb{K}$ 上の有限次元線形空間は同型を除いて $\{0\}$ または $\mathbb{K}^m$ $(m \in \mathbb{N})$ しかない。

次の補題 1.6 によれば、有限次元線形空間のあいだの線形写像もすでに知っている例で尽きている。

補題 1.6　$\mathbb{K}$ を体とする。$f : \mathbb{K}^n \to \mathbb{K}^m$ が線形写像ならば、行列 $A \in \mathrm{Mat}(m, n, \mathbb{K})$ がただひとつ定まり $f(x) = Ax$ $(x \in \mathbb{K}^n)$ である。

証明　$\{e_1, \cdots, e_n\}$ を $\mathbb{K}^n$ の標準基底とする。$f(e_j) \in \mathbb{K}^m$ の第 i 成分を a_{ij} とすれば、$A = (a_{ij})_{1 \leq i \leq m,\, 1 \leq j \leq n}$ に対し $f(x) = Ax$ となる。 □

定義 1.13　V, W を体 $\mathbb{K}$ 上の有限次元線形空間、$f : V \to W$ を線形写像とする。V, W に順序を決めた基底 $(e_1, \cdots, e_n)$ および $(f_1, \cdots, f_m)$ を選び、同型 $V \simeq \mathbb{K}^n$, $W \simeq \mathbb{K}^m$ を与える。このとき、線形写像

$$\mathbb{K}^n \simeq V \xrightarrow{f} W \simeq \mathbb{K}^m$$

に補題 1.6 を適用すれば、行列 $A \in \mathrm{Mat}(m, n, \mathbb{K})$ が定まってこの合成写像が $x \mapsto Ax$ になる。行列 A を線形写像 f の基底 $(e_1, \cdots, e_n)$ と基底 $(f_1, \cdots, f_m)$ に関する行列表示と呼ぶ。具体的には $a_{ij} \in \mathbb{K}$ を

$$f(e_j) = \sum_{i=1}^{m} a_{ij} f_i \qquad (1 \leq i \leq m,\ 1 \leq j \leq n)$$

により定め、$A = (a_{ij})_{1 \leq i \leq m,\, 1 \leq j \leq n}$ とすればよい。

定義 1.14　V, W を体 $\mathbb{K}$ 上の線形空間、$f : V \to W$ を線形写像とする。このとき、

$$\mathrm{Ker}(f) = \{v \in V \mid f(v) = 0\}, \qquad \mathrm{Im}(f) = \{f(v) \in W \mid v \in V\}$$

と定める。$\mathrm{Ker}(f) = \{0\}$ のとき $\mathrm{Ker}(f) = 0$ とも書く。右辺の 0 を零対象と呼ぶ。

補題 1.7　V, W を体 $\mathbb{K}$ 上の線形空間、$f : V \to W$ を線形写像とする。f が単射であるための必要十分条件は $\mathrm{Ker}(f) = 0$ である。

証明　$u, v \in V$ に対し $f(u) = f(v)$ と $f(u - v) = 0$ は同値だから、写像 f が単射であることと $\mathrm{Ker}(f) = 0$ は同値である。 □

例 1.12 $f(x+2\pi)=f(x)$ をみたす実数値連続関数、すなわち $f\in C^0(\mathbb{R}/2\pi\mathbb{Z})$ に対し

$$a_k=\frac{1}{\pi}\int_0^{2\pi}f(x)\cos(kx)dx,\qquad b_k=\frac{1}{\pi}\int_0^{2\pi}f(x)\sin(kx)dx$$

と置き、実線形空間のあいだの線形写像 $F:C^0(\mathbb{R}/2\pi\mathbb{Z})\to\mathbb{R}^{2n+1}$ を

$$F(f)=\begin{pmatrix}a_0/2\\ a_1\\ b_1\\ \vdots\\ a_n\\ b_n\end{pmatrix}$$

と定める。$\cos(n+1)x\in\operatorname{Ker}(F)$ より $\operatorname{Ker}(F)\neq 0$ だから F は単射ではない。

補題 1.8 $\mathbb{K}$ を体とする。線形写像 $f:\mathbb{K}^n\to\mathbb{K}^m$ が $A\in\operatorname{Mat}(m,n,\mathbb{K})$ を用いて $f(x)=Ax$ で与えられるとき、次が成立。

(1) f が単射である必要十分条件は $\operatorname{rank}(A)=n$ である。

(2) f が全射である必要十分条件は $\operatorname{rank}(A)=m$ である。

証明 (1) 補題 1.7 より f が単射であることと $\operatorname{Ker}(A)=0$ が同値であり、さらに $\dim\operatorname{Ker}(A)=0$ とも同値である。$\dim\operatorname{Ker}(A)=n-\operatorname{rank}(A)$ に注意すれば、f が単射であることと $\operatorname{rank}(A)=n$ は同値である。

(2) f が全射であることと $\operatorname{Im}(A)=\mathbb{K}^m$ が同値であり、基底の延長定理を用いれば $\dim\operatorname{Im}(A)=\dim\mathbb{K}^m$ とも同値である。ゆえに、f が全射であることと $\operatorname{rank}(A)=m$ は同値である。 □

1.6 商空間

$f:\mathbb{R}^2\to\mathbb{R}$ が第 1 成分を対応させる写像ならば、$f(x)$ を見ても第 2 成分のことはわからない。たとえば、$f(x_1)=f(x_2)$ だとしたら x_1 と x_2 の差は

第 2 成分方向に限るということしかわからない。一般に、$f : V \to W$ を体 $\mathbb{K}$ 上の線形空間のあいだの線形写像とすると、$f(v_1) = f(v_2)$ となるための必要十分条件は V の部分集合の一致

$$v_1 + \mathrm{Ker}(f) = v_2 + \mathrm{Ker}(f)$$

である。本書では、整数の合同の記号を真似して $v_1 \equiv v_2 \mod \mathrm{Ker}(f)$ とも書く。$v + \mathrm{Ker}(f)$ の形の部分集合を重複を考えずに集めて得られる集合

$$V/\mathrm{Ker}(f) = \{v + \mathrm{Ker}(f) \mid v \in V\}$$

に対し、加法と $\mathbb{K}$ 倍を

$$(v_1 + \mathrm{Ker}(f)) + (v_2 + \mathrm{Ker}(f)) = (v_1 + v_2) + \mathrm{Ker}(f),$$
$$c(v + \mathrm{Ker}(f)) = cv + \mathrm{Ker}(f)$$

と定義すると、$V/\mathrm{Ker}(f)$ は $\mathrm{Im}(f)$ に同型な $\mathbb{K}$ 上の線形空間になる。つまり $V/\mathrm{Ker}(f) \simeq \mathrm{Im}(f)$ であり、線形空間の準同型定理と呼ぶ。

定義 1.15　V を体 $\mathbb{K}$ 上の線形空間、$W \subseteq V$ を部分空間とするとき

$$V/W = \{v + W \mid v \in V\} = \{v \mod W \mid v \in V\}$$

も $\mathbb{K}$ 上の線形空間である。V/W を商空間と呼ぶ。

註 1.2　V/W とは、$u, v \in V$ に対し $u - v \in W$ のとき同じグループに属すと定め、V をグループ分けしたときのグループのなす集合と考えることができる。これを同値関係による類別といい、各グループを同値類と呼ぶ。たとえば、日本全国の高校球児のなす集合に対し、球児が同じ高校の野球部に属すとき同じグループに属すると定めると、これは同値関係であり、各グループを高校名で代表させると、高校名の集合が同値類のなす集合である。註 1.1 で述べた実数の定義も、同値関係という用語こそ出さなかったが実際には Cauchy 列の同値関係を考え、同値類を実数と呼んで四則演算や全順序を定義したのである。興味のある学生は同値関係の定義を調べてみよう。

補題 1.9　V を体 $\mathbb{K}$ 上の有限次元線形空間、$W \subseteq V$ を部分空間とする。

$W \subsetneq V$ なら $v_1 \in V \setminus W$ を取り、$W + \mathbb{K}v_1 \subsetneq V$ なら $v_2 \in V \setminus (W + \mathbb{K}v_1)$ を取り、と繰り返すとこの手続きは有限回で終了する。終了するまでに t 回繰り返したとすると、$t = \dim V - \dim W$ かつ $\{v_i + W \mid 1 \leq i \leq t\}$ は V/W の基底である。

証明　W の基底 $\{w_1, \cdots, w_s\}$ を取ると $\{w_1, \cdots, w_s, v_1, \cdots, v_t\}$ は補題 1.5 の証明により V の基底で、$\{v_i + W \mid 1 \leq i \leq t\}$ は V/W を生成する。

$$c_1(v_1 + W) + \cdots + c_t(v_t + W) = 0 + W \qquad (c_1, \cdots, c_t \in \mathbb{K})$$

とすると $c_1v_1 + \cdots + c_tv_t \in W$ だから、$\{w_1, \cdots, w_s, v_1, \cdots, v_t\}$ の一次独立性より $c_1 = 0, \cdots, c_t = 0$ を得る。ゆえに $\{v_i + W \mid 1 \leq i \leq t\}$ は V/W の基底であり、$\dim V/W = t = (s + t) - s = \dim V - \dim W$ を得る。 □

1.7 線形空間の短完全系列

定義 1.16　L, M, N を体 $\mathbb{K}$ 上の線形空間とする。

(i) $f : L \to M$ が単射線形写像、

(ii) $g : M \to N$ が全射線形写像、

(iii) $\mathrm{Ker}(g) = \mathrm{Im}(f)$

のとき、$0 \longrightarrow L \xrightarrow{f} M \xrightarrow{g} N \longrightarrow 0$ と書き、$\mathbb{K}$–加群の短完全系列と呼ぶ。

命題 1.4　体 $\mathbb{K}$ 上の有限次元線形空間の短完全系列

$$0 \longrightarrow L \xrightarrow{f} M \xrightarrow{g} N \longrightarrow 0$$

に対し $\dim M = \dim L + \dim N$ が成り立つ。

証明　N の基底を $\{f_1, \cdots, f_m\}$ とすると、$g : M \to N$ が全射だから、$e_1, \cdots, e_m \in M$ を $g(e_i) = f_i$ $(1 \leq i \leq m)$ となるように取れる。L の基底を $\{g_1, \cdots, g_n\}$ とし、$f(g_i) = e_{m+i}$ $(1 \leq i \leq n)$ により $e_{m+1}, \cdots, e_{m+n} \in M$ を定める。

(a) $v \in M$ に対し $g(v) = c_1f_1 + \cdots + c_mf_m$ $(c_1, \cdots, c_m \in \mathbb{K})$ と書くと

$$v - (c_1e_1 + \cdots + c_me_m) \in \mathrm{Ker}(g) = \mathrm{Im}(f)$$

だから、$c_{m+1}, \cdots, c_{m+n} \in \mathbb{K}$ が存在して

$$v - (c_1e_1 + \cdots + c_me_m) = c_{m+1}e_{m+1} + \cdots + c_{m+n}e_{m+n}$$

と書ける。つまり $\{e_1, \cdots, e_{m+n}\}$ は M を生成する。

(b) $c_1e_1 + \cdots + c_{m+n}e_{m+n} = 0$ $(c_1, \cdots, c_{m+n} \in \mathbb{K})$ とする。$\mathrm{Ker}(g) = \mathrm{Im}(f)$ より $m+1 \leq i \leq m+n$ に対して $g(e_i) \in \mathrm{Im}(g \circ f) = 0$ だから

$$0 = g(c_1e_1 + \cdots + c_{m+n}e_{m+n}) = c_1f_1 + \cdots + c_mf_m$$

となり、$c_i = 0$ $(1 \leq i \leq m)$ を得る。このとき、

$$0 = c_{m+1}e_{m+1} + \cdots + c_{m+n}e_{m+n} = f(c_{m+1}g_1 + \cdots + c_{m+n}g_n)$$

かつ f が単射より $c_{m+1}g_1 + \cdots + c_{m+n}g_n = 0$ であるから、さらに

$$c_i = 0 \qquad (m+1 \leq i \leq m+n)$$

を得る。ゆえに $\{e_1, \cdots, e_{m+n}\}$ は一次独立である。

以上から $\{e_1, \cdots, e_{m+n}\}$ が M の基底になり、求める次元公式を得る。　□

例 1.13　V が体 $\mathbb{K}$ 上の線形空間、$W \subseteq V$ が部分空間ならば、

$$0 \longrightarrow W \xrightarrow{\iota} V \xrightarrow{\pi} V/W \longrightarrow 0$$

は $\mathbb{K}$–加群の短完全系列である。ただし、$\iota(w) = w$, $\pi(v) = v + W$ である。

例 1.14　V, W が体 $\mathbb{K}$ 上の線形空間、$f : V \to W$ が線形写像ならば、

$$0 \longrightarrow \mathrm{Ker}(f) \xrightarrow{\iota} V \xrightarrow{f} \mathrm{Im}(f) \longrightarrow 0$$

は $\mathbb{K}$–加群の短完全系列である。ただし、$\iota(w) = w$ $(w \in \mathrm{Ker}(f))$ である。

例 1.15　$\mathbb{K}[x]$ を $\mathbb{K}$ 係数一変数多項式全体のなす集合とする。加法を多項式の和、定数倍（$\mathbb{K}$ 倍）を多項式の定数倍で定義することにより $\mathbb{K}[x]$ は $\mathbb{K}$ 上の線形空間である。$0 \neq h \in \mathbb{K}[x]$ に対し、h で割り切れる多項式の全体を (h) と書く。このとき $(h) \subseteq \mathbb{K}[x]$ は部分空間であり、

$$0 \longrightarrow \mathbb{K}[x] \xrightarrow{m} \mathbb{K}[x] \xrightarrow{p} \mathbb{K}[x]/(h) \longrightarrow 0$$

は $\mathbb{K}$–加群の短完全系列である。ただし、$m(f) = hf$, $p(f) = f \mod h$ である。

命題 1.5 $\mathbb{K}$ を体とする。$A \in \mathrm{Mat}(m, l, \mathbb{K})$, $B \in \mathrm{Mat}(n, m, \mathbb{K})$ に対し $f : \mathbb{K}^l \to \mathbb{K}^m$, $g : \mathbb{K}^m \to \mathbb{K}^n$ を $f(x) = Ax$, $g(x) = Bx$ で定めると

$$0 \longrightarrow \mathbb{K}^l \xrightarrow{f} \mathbb{K}^m \xrightarrow{g} \mathbb{K}^n \longrightarrow 0$$

が $\mathbb{K}$–加群の短完全系列であることは次の条件をみたすことと同値である。

(i) $\mathrm{rank}(A) = l$,
(ii) $\mathrm{rank}(B) = n$,
(iii) $BA = O$, $l + n = m$.

証明 $\mathbb{K}$–加群の短完全系列ならば補題 1.8 より $\mathrm{rank}(A) = l$, $\mathrm{rank}(B) = n$ が成り立ち、命題 1.4 より $l + n = m$ である。また、$\mathrm{Ker}(B) = \mathrm{Im}(A)$ より $BA = O$ となる。逆に条件が成り立つならば、補題 1.8 より f が単射で g が全射であり、$BA = O$ より $\mathrm{Im}(A) \subseteq \mathrm{Ker}(B)$ であるが、

$$\dim \mathrm{Im}(A) = l = m - n = m - \mathrm{rank}(B) = \dim \mathrm{Ker}(B)$$

だから $\mathrm{Im}(A) = \mathrm{Ker}(B)$ を得る。すなわち $\mathrm{Im}(f) = \mathrm{Ker}(g)$ である。 □

$f : \mathbb{K}^n \to \mathbb{K}^m$ が $A \in \mathrm{Mat}(m, n, \mathbb{K})$ により $f(x) = Ax$ と与えられているとき、f が単射であることと $\mathrm{rank}(A) = n$ が同値で、f が全射であることと $\mathrm{rank}(A) = m$ が同値であった。次の例では、単射や全射を短完全系列に延長できることを具体的な行列計算ができる形で示す。

例 1.16 体 $\mathbb{K}$ を成分とする行列 $A \in \mathrm{Mat}(m, n, \mathbb{K})$ が $\mathrm{rank}(A) = m$ をみたすとする。部分空間 $\mathrm{Ker}(A) \subseteq \mathbb{K}^n$ の基底を用いて $\mathrm{Ker}(A)$ の像表示を作ると、$\mathrm{Ker}(A) = \mathrm{Im}(B)$ かつ $\mathrm{rank}(B) = n - m$ とできる。ゆえに

$$0 \longrightarrow \mathbb{K}^{n-m} \xrightarrow{f} \mathbb{K}^n \xrightarrow{g} \mathbb{K}^m \longrightarrow 0$$

は $\mathbb{K}$–加群の短完全系列である。ただし、$f(x) = Bx$, $g(x) = Ax$ である。

他方、体 $\mathbb{K}$ を成分とする行列 $A \in \mathrm{Mat}(m, n, \mathbb{K})$ が $\mathrm{rank}(A) = n$ をみたすときには部分空間 $\mathrm{Im}(A) \subseteq \mathbb{K}^m$ の核表示を作ると $\mathrm{Im}(A) = \mathrm{Ker}(B)$ かつ $\mathrm{rank}(B) = m - n$ とできる。ゆえに今度は $f(x) = Ax$, $g(x) = Bx$ とすれば

$$0 \longrightarrow \mathbb{K}^n \xrightarrow{\ f\ } \mathbb{K}^m \xrightarrow{\ g\ } \mathbb{K}^{m-n} \longrightarrow 0$$

は $\mathbb{K}$–加群の短完全系列である。

例 1.17　$\mathbb{K}$ を体、$U, V \in \mathbb{K}^n$ を部分空間、

$$U \times V = \left\{ \begin{pmatrix} u \\ v \end{pmatrix} \,\middle|\, u \in U, \ \ v \in V \right\}$$

とする。成分ごとの加法を $U \times V$ の加法とし、$c \in \mathbb{K}$ に対し成分ごとの c 倍により $U \times V$ の $\mathbb{K}$ 倍を定めると $U \times V$ は線形空間である。

このとき、部分空間 $U \cap V \subseteq \mathbb{K}^n$, $U + V \subseteq \mathbb{K}^n$ を両端とする短完全系列

$$0 \longrightarrow U \cap V \xrightarrow{\ f\ } U \times V \xrightarrow{\ g\ } U + V \longrightarrow 0$$

が、線形写像 $f : U \cap V \to U \times V$ を

$$x \mapsto \begin{pmatrix} x \\ -x \end{pmatrix} \qquad (x \in U \cap V)$$

と定め、線形写像 $g : U \times V \to U + V$ を

$$\begin{pmatrix} u \\ v \end{pmatrix} \mapsto u + v \qquad (u \in U, \ v \in V)$$

と定めることで得られる。とくに次元公式

$$\dim(U \cap V) + \dim(U + V) = \dim U + \dim V$$

を得る。

V を体 $\mathbb{K}$ 上の有限次元線形空間とする。線形写像 $V \to \mathbb{K}$ のなす集合を

V^* と書くと、加法と $\mathbb{K}$ 倍を

(i) $f_1, f_2 \in V^*$ に対し $f_1 + f_2 \in V^*$ を $x \in V \mapsto f_1(x) + f_2(x) \in \mathbb{K}$,
(ii) $c \in \mathbb{K}$, $f \in V^*$ に対し $cf \in V^*$ を $x \in V \mapsto cf(x) \in \mathbb{K}$

と定めることにより、V^* は体 $\mathbb{K}$ 上の有限次元線形空間であり、V の双対空間と呼ぶのであった。たとえば $V = \mathbb{K}^n$ のとき、座標関数

$$x_i : \begin{pmatrix} c_1 \\ \vdots \\ c_n \end{pmatrix} \in \mathbb{K}^n \mapsto c_i \in \mathbb{K}$$

は $(\mathbb{K}^n)^*$ の要素であり、$\{x_1, \cdots, x_n\}$ は $(\mathbb{K}^n)^*$ の基底である。一般に V の基底 $\{e_1, \cdots, e_n\}$ が与えられたとき、$e_i^* \in V^*$ を

$$e_i^* : \ c_1 e_1 + \cdots + c_n e_n \mapsto c_i \qquad (c_1, \cdots, c_n \in \mathbb{K})$$

と定めれば $\{e_1^*, \cdots, e_n^*\}$ は V^* の基底であり、$\{e_1, \cdots, e_n\}$ の双対基底と呼ぶ。

V, W を体 $\mathbb{K}$ 上の有限次元線形空間、$f : V \to W$ を線形写像とする。V の基底を $\{e_1, \cdots, e_n\}$, W の基底を $\{f_1, \cdots, f_m\}$ とし、f の行列表示を

$$f(e_1, \cdots, e_n) = (f_1, \cdots, f_m)A \qquad (A \in \mathrm{Mat}(m, n, \mathbb{K}))$$

とする。線形写像 $f^* : W^* \to V^*$ を、$\psi \in W^*$ に対し

$$f^*(\psi) : \ x \mapsto \psi(f(x)) \qquad (x \in V)$$

と定めれば、f^* の双対基底に関する行列表示は

$$f^*(f_1^*, \cdots, f_m^*) = (e_1^*, \cdots, e_n^*)\,{}^t\!A$$

と A の転置行列で与えられる。実際、$A = (a_{ij})_{1 \le i \le m,\, 1 \le j \le n}$ と書くとき

$$f^*(f_i^*)(e_j) = f_i^*(f(e_j)) = f_i^*(a_{1j} e_1 + \cdots + a_{nj} e_n) = a_{ij}$$

だから、$f^*(f_i^*) = a_{i1} e_1^* + \cdots + a_{in} e_n^*$ を得る。以上の準備のもとに双対空間を用いた短完全系列の例を与えよう。

例 1.18　U, V, W を体 $\mathbb{K}$ 上の有限次元線形空間、

$$0 \longrightarrow U \xrightarrow{f} V \xrightarrow{g} W \longrightarrow 0$$

を $\mathbb{K}$–加群の短完全系列、$\dim U = l, \dim V = m, \dim W = n$ とする。U, V, W の基底を取って行列表示すれば、$A \in \mathrm{Mat}(m, l, \mathbb{K})$, $B \in \mathrm{Mat}(n, m, \mathbb{K})$ を用いて $f(x) = Ax$, $g(x) = Bx$ と思い、

$$0 \longrightarrow \mathbb{K}^l \xrightarrow{f} \mathbb{K}^m \xrightarrow{g} \mathbb{K}^n \longrightarrow 0$$

が短完全系列と思ってもよい。このとき、

$$0 \longrightarrow W^* \xrightarrow{g^*} V^* \xrightarrow{f^*} U^* \longrightarrow 0$$

も $\mathbb{K}$–加群の短完全系列である。実際、f^*, g^* の双対基底に関する行列表示を用いれば $f^*(x) = {}^tAx$, $g^*(x) = {}^tBx$ と思ってよい。すると

(a) $\mathrm{rank}({}^tB) = \mathrm{rank}(B) = n$ より g^* は単射、
(b) $\mathrm{rank}({}^tA) = \mathrm{rank}(A) = l$ より f^* は全射、
(c) $BA = O$ より ${}^tA{}^tB = O$ だから $\mathrm{Im}({}^tB) \subseteq \mathrm{Ker}({}^tA)$ であり、

$$\dim \mathrm{Im}({}^tB) = \mathrm{rank}({}^tB) = \mathrm{rank}(B) = n = m - l,$$
$$\dim \mathrm{Ker}({}^tA) = \dim V^* - \mathrm{rank}({}^tA) = m - l$$

より $\mathrm{Im}({}^tB) = \mathrm{Ker}({}^tA)$ を得る。

例 1.19　$A \in \mathrm{Mat}(m, l, \mathbb{R})$, $B \in \mathrm{Mat}(n, m, \mathbb{R})$ を用いて $f : \mathbb{R}^l \to \mathbb{R}^m$ と $g : \mathbb{R}^m \to \mathbb{R}^n$ を $f(x) = Ax$, $g(x) = Bx$ と定めたとき

$$0 \longrightarrow \mathbb{R}^l \xrightarrow{f} \mathbb{R}^m \xrightarrow{g} \mathbb{R}^n \longrightarrow 0$$

が $\mathbb{R}$–加群の短完全系列とする。今は体が $\mathbb{R}$ なので

$$\mathrm{rank}({}^tAA) = \mathrm{rank}(A) = l, \qquad \mathrm{rank}(B{}^tB) = \mathrm{rank}(B) = n$$

が成り立ち、${}^tAA \in \mathrm{Mat}(l, l, \mathbb{R})$, $B{}^tB \in \mathrm{Mat}(n, n, \mathbb{R})$ は可逆行列であるから、

$$A^- = ({}^tAA)^{-1}\,{}^tA, \qquad B^- = {}^tB\,(B{}^tB)^{-1}$$

と定め、$f^- : \mathbb{R}^m \to \mathbb{R}^l$, $g^- : \mathbb{R}^n \to \mathbb{R}^m$ を $f^-(x) = A^- x$, $g^-(x) = B^- x$ と定義することができる。このとき

$$0 \longrightarrow \mathbb{R}^n \xrightarrow{g^-} \mathbb{R}^m \xrightarrow{f^-} \mathbb{R}^l \longrightarrow 0$$

は $\mathbb{R}$–加群の短完全系列である。実際、まず

$$\mathrm{rank}(A^-) = \mathrm{rank}({}^t\!A) = \mathrm{rank}(A) = l,$$

$$\mathrm{rank}(B^-) = \mathrm{rank}({}^t\!B) = \mathrm{rank}(B) = n$$

より f^- は全射、g^- は単射である。また、$\mathrm{Im}({}^t\!B) = \mathrm{Ker}({}^t\!A)$ だから

$$\mathrm{Ker}(A^-) = \mathrm{Ker}({}^t\!A) = \mathrm{Im}({}^t\!B) = \mathrm{Im}(B^-)$$

つまり $\mathrm{Ker}(f^-) = \mathrm{Im}(g^-)$ を得る。

例 1.18 との違いは、$A^-A = E$, $BB^- = E$ である点とベクトルの大きさに注目する点である。

(a) A^- は、解をもつとは限らない連立一次方程式 $Ax = y$ に対して、誤差 $|Ax - y|$ がもっとも小さい $x = A^-y$ を与える。

(b) B^- は、解をもつ連立一次方程式 $Bx = y$ に対して、$|x|$ がもっとも小さい $x = B^-y$ を与える。

実際、$|Ax - y|$ がもっとも小さくなることと $Ax - y$ が $\mathrm{Im}(A)$ と直交することは同値だから、$x \in \mathbb{R}^l$ は ${}^t\!A(Ax - y) = 0$ つまり ${}^t\!AAx = {}^t\!Ay$ の解である。この連立一次方程式を正規方程式と呼ぶ。正規方程式の解は $x = A^-y$ である。他方で、$|x|$ がもっとも小さいということは $x \perp \mathrm{Ker}(B) = \mathrm{Im}(A)$ ということだから、$x \in \mathbb{R}^m$ は ${}^t\!Ax = 0$ をみたす $Bx = y$ の解である。すると、

$$x \in \mathrm{Ker}({}^t\!A) = \mathrm{Im}({}^t\!B)$$

より $x = {}^t\!Bz$ $(z \in \mathbb{R}^n)$ と書けるから、$Bx = y$ に代入して $B{}^t\!Bz = y$ となり、$z = (B{}^t\!B)^{-1}y$ から $x = B^-y$ を得る。

註 1.3 例 1.19 の A^-, B^- は Moore–Penrose 型一般逆行列と呼ばれる。$\mathbb{K}$ を体とする。$M \in \mathrm{Mat}(m, n, \mathbb{K})$ に対し $x \mapsto Mx$ の定める線形写像の

分解 $\mathbb{K}^n \to \mathrm{Im}(M) \to \mathbb{K}^m$ を考え $r = \mathrm{rank}(M)$ とすると、$\mathrm{rank}(L) = r$, $\mathrm{rank}(N) = r$ をみたす行列 $L \in \mathrm{Mat}(m, r, \mathbb{K})$, $N \in \mathrm{Mat}(r, n, \mathbb{K})$ を用いて $M = LN$ と書ける。$M \in \mathrm{Mat}(m, n, \mathbb{R})$ の Moore–Penrose 型一般逆行列は $M^- = N^- L^-$ と定義される。

章末問題

1 部分空間 $V \subseteq \mathbb{R}^4$ を

$$V = \mathbb{R}\begin{pmatrix}1\\3\\2\\1\end{pmatrix} + \mathbb{R}\begin{pmatrix}1\\0\\1\\2\end{pmatrix} + \mathbb{R}\begin{pmatrix}3\\3\\4\\5\end{pmatrix} + \mathbb{R}\begin{pmatrix}-2\\7\\-1\\-5\end{pmatrix}$$

と定めるとき、V の基底を求めよ。

2 部分空間の定義において $0 \in W$ はなぜ必要か。理由を述べよ。

3 $\mathbb{R}^2$ の原点を中心とする θ 回転が線形変換であることを示せ。

4 $r > 0$ に対し $D = \{(x, y) \in \mathbb{R}^2 \mid x^2 + y^2 < r^2\} \subseteq \mathbb{R}^2$ 上の微分可能関数を $f(x, y) : D \to \mathbb{R}$ とし、$S \subseteq \mathbb{R}^3$ を曲面 $z = f(x, y)$ とする。$(a, b) \in D$ に対し $c = f(a, b)$ と書くとき、$P = (a, b, c)$ で S に接している平面を P における S の接平面と呼ぶ。

たとえば $D = \{(x, y) \in \mathbb{R}^2 \mid x^2 + y^2 < 1\}$ とするとき $z = \sqrt{1 - x^2 - y^2}$ は単位球面の上半分であり、点 $P = (a, b, \sqrt{1 - a^2 - b^2})$ における単位球面の接平面は P を通りベクトル

$$\begin{pmatrix}a\\b\\c\end{pmatrix} \qquad (c = \sqrt{1 - a^2 - b^2})$$

に直交する平面

$$a(x - a) + b(y - b) + c(z - c) = 0$$

である。一般に、関数 $F(x,y,z)=z-f(x,y)$ の全微分

$$dF=dz-\frac{\partial f}{\partial x}dx-\frac{\partial f}{\partial y}dy$$

の係数を用いて点 $P=(a,b,c)\in S$ $(c=f(a,b))$ での法線ベクトルを

$$\begin{pmatrix} -\dfrac{\partial f}{\partial x}(a,b) \\ -\dfrac{\partial f}{\partial y}(a,b) \\ 1 \end{pmatrix}$$

と定めたとき、$P=(a,b,c)$ $(c=f(a,b))$ における S の接平面は

$$-\frac{\partial f}{\partial x}(a,b)(x-a)-\frac{\partial f}{\partial y}(a,b)(y-b)+(z-c)=0$$

である。点 P を始点とし接平面上の点 Q を終点とする方向ベクトルの集まりを T_PS と書く。T_PS は 2 次元実線形空間である。加法と実数倍は高校で学んだ通りである。たとえば $u,u'\in T_PS$ を終点が Q と Q' のベクトルとするとき、PQ と PQ' を 2 辺とする平行四辺形を作り、P,Q,Q' 以外の残りの頂点を R とすれば、R を終点とするベクトルが $u+u'\in T_PS$ である。

$$e_1=\begin{pmatrix} 1 \\ 0 \\ \dfrac{\partial f}{\partial x}(a,b) \end{pmatrix},\qquad e_2=\begin{pmatrix} 0 \\ 1 \\ \dfrac{\partial f}{\partial y}(a,b) \end{pmatrix}$$

と置くと $\{e_1,e_2\}$ は T_PS の基底であることを示せ。

5 部分空間 $V\subseteq\mathbb{R}^4$ の核表示を $V=\mathrm{Ker}(A)$

$$A = \begin{pmatrix} 1 & -1 & 2 & 3 \\ 2 & -3 & 0 & 5 \\ 1 & 0 & 6 & 4 \\ 4 & -5 & 4 & 11 \\ 3 & -4 & 2 & 8 \end{pmatrix}$$

とする。V の像表示を求めよ。

6 部分空間 $V \subseteq \mathbb{R}^4$ の像表示を $V = \mathrm{Im}(A)$

$$A = \begin{pmatrix} -6 & -4 \\ -4 & -1 \\ 1 & 0 \\ 0 & 1 \end{pmatrix}$$

とする。V の核表示を求めよ。

7 $\mathbb{K}$ を体とする。部分空間 $V_1, V_2 \subseteq \mathbb{K}^n$ を核表示したとき、$V_1 \cap V_2$ の像表示を求める計算方法を述べよ。

8 $A \in \mathrm{Mat}(3, 4, \mathbb{R}(x))$ を下記のように定めるとき次の問に答えよ。

$$A = \begin{pmatrix} x-1 & x^2-x & 0 & -1 \\ x^2-x & x^3-x^2 & x-1 & x^2-x+1 \\ x^2-1 & x^3-x & x-1 & x^2-x \end{pmatrix}$$

(i) A の簡約形を求めよ。

(ii) $\mathrm{Ker}(A) \subseteq \mathbb{R}(x)^4$ の基底を求めよ。

(iii) $\mathrm{Im}(A) \subseteq \mathbb{R}(x)^3$ の基底を求めよ。

9 $A \in \mathrm{Mat}(4, 4, \mathbb{Q}(x))$ を下記のように定めるとき $V = \mathrm{Ker}(A) \subseteq \mathbb{Q}(x)^4$ の像表示を求めよ。

$$A = \begin{pmatrix} x^2 - x & 2x - 1 & -1 & x \\ x^2 - 2x + 1 & -1 & -2x + 1 & x - 1 \\ -x + 1 & 0 & 2 & -1 \\ -x + 1 & x - 1 & x + 1 & -1 \end{pmatrix}$$

10 $\mathbb{F}_5 = \{a \bmod 5 \mid a \in \mathbb{Z}\}$ は体である。$A \in \mathrm{Mat}(3, 3, \mathbb{F}_5)$ を下記のように定める。

$$A = \begin{pmatrix} 1 & 0 & 1 \\ 2 & 2 & 3 \\ 0 & -1 & 2 \end{pmatrix}$$

(i) $V = \mathrm{Im}(A)$ の基底を求めよ。
(ii) V の核表示を求めよ。

11 $\mathbb{F}_5^4$ の部分空間を $V = \mathrm{Ker}(A)$

$$A = \begin{pmatrix} 2 & 1 & 1 & 1 \\ 1 & 1 & 2 & 1 \\ 1 & 2 & 1 & 1 \end{pmatrix} \in \mathrm{Mat}(3, 4, \mathbb{F}_5)$$

とする。V の基底を求めよ。

12 $A \in \mathrm{Mat}(3, 4, \mathbb{R})$, $B \in \mathrm{Mat}(2, 4, \mathbb{R})$ を下記のように定める。

$$A = \begin{pmatrix} 1 & a & 1 & -4 \\ -1 & 3 & 2 & 1 \\ 0 & 1 & 1 & -1 \end{pmatrix}, \qquad B = \begin{pmatrix} -1 & 4 & 3 & 0 \\ -1 & 1 & 0 & 3 \end{pmatrix}$$

$f : \mathrm{Ker}(A) \to \mathbb{R}^4$ を包含写像、$g : \mathbb{R}^4 \to \mathbb{R}^2$ を $g(x) = Bx$ $(x \in \mathbb{R}^4)$ とするとき、

$$0 \longrightarrow \mathrm{Ker}(A) \xrightarrow{f} \mathbb{R}^4 \xrightarrow{g} \mathbb{R}^2 \longrightarrow 0$$

が短完全系列になるための $a \in \mathbb{R}$ の条件を求めよ。

13 $\mathbb{K}$ を体とする。$A_1 \in \mathrm{Mat}(m, n_1, \mathbb{K})$, $A_2 \in \mathrm{Mat}(m, n_2, \mathbb{K})$ に対し、

$$A = (A_1, A_2) \in \mathrm{Mat}(m, n_1 + n_2, \mathbb{K})$$

と置く。また、$\mathbb{K}^m$ の標準基底を

$$e_1 = \begin{pmatrix} 1 \\ 0 \\ \vdots \\ 0 \end{pmatrix}, \quad \cdots, \quad e_m = \begin{pmatrix} 0 \\ \vdots \\ 0 \\ 1 \end{pmatrix}$$

とする。$\mathrm{rank}(A_1) = r_1$, $\mathrm{rank}(A) = r$ のとき、A の簡約形の最初の n_1 列に $e_1, \cdots, e_{r_1}$ が現れ、残りの n_2 列に $e_{r_1+1}, \cdots, e_r$ が現れる。$e_{r_1+1}, \cdots, e_r$ が現れる列番号を $n_1 + 1 \leq j_1 < \cdots < j_{r-r_1} \leq n_1 + n_2$ とする。

$V_1 \subseteq V \subseteq \mathbb{K}^m$ が $V_1 = \mathrm{Im}(A_1)$, $V = \mathrm{Im}(A)$ と与えられているとき、$i_k = j_k - n_1$ $(1 \leq k \leq r - r_1)$ に対し A_2 の第 i_k 列を $f_k \in \mathbb{K}^m$ とすると

$$\{f_1 + V_1, \ \cdots, f_{r-r_1} + V_1\}$$

は V/V_1 の基底である。

$A_1, A_2 \in \mathrm{Mat}(4, 2, \mathbb{R})$ が下記で与えられるとき、この計算方法を用いて $\mathrm{Im}(A)/\mathrm{Im}(A_1)$ の基底を求めよ。

$$A_1 = \begin{pmatrix} 1 & 1 \\ -1 & 0 \\ 2 & 1 \\ 1 & 2 \end{pmatrix}, \qquad A_2 = \begin{pmatrix} 1 & 0 \\ 0 & 1 \\ 1 & 0 \\ 2 & 1 \end{pmatrix}$$

第2章

一変数多項式環上の加群

2.1 環と可換環

乗法と加法が定義された集合が体の公理から除法に関する公理を除いた公理をみたすとき可換環と呼ぶ。乗法の可換法則を仮定しないとき非可換環、または単に環と呼ぶ。単位元をもつ環を単位的環と呼ぶが、環と言ったら単位的環を意味することが多い。環の定義を覚える必要はあるが、中学・高校で学んだ整数の集合や多項式の集合が可換環の例に他ならないことを理解し、安心して自由に計算できるようになることの方がはるかに重要である。

註 2.1 行列環 $\mathrm{Mat}(n,n,\mathbb{C})$ $(n \geq 2)$ は可換でない非可換環の代表例である。

定義 2.1 集合 R が（単位的）環とは、加法および乗法と呼ばれる演算

$$R \times R \longrightarrow R : (a,b) \mapsto a+b$$

$$R \times R \longrightarrow R : (a,b) \mapsto ab$$

が与えられていて次をみたすときをいう。

(1) 加法は次の条件をみたす。

(i) 加法の結合法則 $(a+b)+c = a+(b+c)$ $(a,b,c \in R)$ が成り立つ。

(ii) 加法の交換法則 $a+b = b+a$ $(a,b \in R)$ が成り立つ。

(iii) 零元と呼ばれる R の要素 $0 \in R$ が存在して

$$a + 0 = 0 + a = a \qquad (a \in R)$$

が成り立つ。(ii) より $a + 0 = 0 + a$ は不要である。

(iv) 任意の $a \in R$ に対し $a + (-a) = 0$ をみたす R の要素 $-a \in R$ が存在する。

(2) 乗法は次の条件をみたす。

(i) 乗法の結合法則 $(ab)c = a(bc)$ $(a, b, c \in R)$ が成り立つ。

(ii) 単位元と呼ばれる R の要素 $1 \in R$ が存在して

$$a1 = 1a = a \qquad (a \in R)$$

が成り立つ。$a1 = a$ と $1a = a$ は両方必要である。

(3) 左右の分配法則

$$a(b + c) = ab + ac, \ \ (a + b)c = ac + bc \qquad (a, b, c \in R)$$

が成り立つ。

$0 = 1$ なら $R = \{0\}$ であり零環と呼ばれる。この教科書ではつねに $0 \neq 1$ と仮定する。

問 2.1　乗法の交換法則 $ab = ba$ $(a, b \in R)$ を付け加えると可換環の公理になる。可換環の公理はすべて中学で習った計算規則であることを確認せよ。

下記は代表的な可換環の例である。

(1) 整数全体のなす集合 $\mathbb{Z}$ に整数の積と和を考えたものは可換環である。

(2) $\mathbb{Z}[\sqrt{-1}\,] = \{a + b\sqrt{-1} \mid a, b \in \mathbb{Z}\}$ は複素数の積と和により可換環である。

(3) 素数 $p \in \mathbb{Z}$ に対し

$$\mathbb{Q}_{(p)} = \left\{ \frac{m}{n} \in \mathbb{Q} \;\middle|\; m, n \in \mathbb{Z}, \ \ n \neq 0, \ \ \gcd(n, p) = 1 \right\}$$

は可換環である。

(4) $\mathbb{K}$ を体とする。$\mathbb{K}$ 係数 n 変数多項式全体を $\mathbb{K}[x_1, \cdots, x_n]$ と書くとき、多項式の積と和を考えたものは可換環である。$n = 1$ のときは $\mathbb{K}[x_1]$ の代わりに $\mathbb{K}[x]$ と書く。

(5) $\mathbb{K}$ を体とする。$h_1, \cdots, h_r \in \mathbb{K}[x_1, \cdots, x_n]$ に対し

$$(h_1, \cdots, h_r) = \{f_1 h_1 + \cdots + f_r h_r \mid f_1, \cdots, f_r \in \mathbb{K}[x_1, \cdots, x_n]\}$$

は $\mathbb{K}[x_1, \cdots, x_n]$ の部分空間である。商空間 $\mathbb{K}[x_1, \cdots, x_n]/(h_1, \cdots, h_r)$ は可換環である。

(6) $\mathbb{K}$ を体、$(a_1, \cdots, a_n) \in \mathbb{K}^n$ とし、$\mathbb{K}(x_1, \cdots, x_n)$ を $\mathbb{K}$ 係数 n 変数分数式全体のなす体とする。分数式の既約分数表示を

$$\frac{f(x_1, \cdots, x_n)}{g(x_1, \cdots, x_n)} \qquad (f(x_1, \cdots, x_n), g(x_1, \cdots, x_n) \in \mathbb{K}[x_1, \cdots, x_n])$$

とするとき、$g(a_1, \cdots, a_n) \neq 0$ となる分数式全体は可換環をなす。

(7) $\mathbb{K}$ を体とする。$\mathbb{K}$ 係数 n 変数形式的冪級数全体

$$\left\{ \sum_{k_1=0}^{\infty} \cdots \sum_{k_n=0}^{\infty} c_{k_1, \cdots, k_n} x_1^{k_1} \cdots x_n^{k_n} \;\middle|\; c_{k_1, \cdots, k_n} \in \mathbb{K} \right\}$$

は可換環である。

註 2.2　可換環の基礎に関するより進んだ講義では、単項イデアル整域、一意分解整域、Noether 環、Artin 環といった題材を学ぶことになる。代数的整数論に興味があるなら Dedekind 整域の基礎も必要である。技術的には、新たに学ぶテンソル積や局所化の操作を使えるようになることが重要である。

2.2　一変数多項式環上の加群

正方行列の標準形の理論を一変数多項式環の加群の視点から眺め、理論展開することができる。鍵となるのは命題 2.1 である。$\mathbb{K}$ を体とし、$\mathbb{K}[x]$ を $\mathbb{K}$ 係数一変数多項式全体のなす可換環とする。$\mathbb{K}$–加群の定義の $\mathbb{K}$ 倍の公理を $\mathbb{K}[x]$ 倍の公理に変えることで $\mathbb{K}[x]$–加群を定義することができる。

定義 2.2　V を体 $\mathbb{K}$ 上の線形空間とする。$f(x) \in \mathbb{K}[x]$ に対し $v \in V$ の $f(x)$ 倍 $f(x)v \in V$ が定義されていて次の公理をみたすならば、V を $\mathbb{K}[x]$–加群と呼ぶ。

(i) $f(x)(g(x)v) = (f(x)g(x))v \ (v \in V, f(x), g(x) \in \mathbb{K}[x])$,
(ii) $(f(x) + g(x))v = f(x)v + g(x)v \ (v \in V, f(x), g(x) \in \mathbb{K}[x])$,
(iii) $f(x)(v_1 + v_2) = f(x)v_1 + f(x)v_2 \ (v_1, v_2 \in V, f(x) \in \mathbb{K}[x])$,
(iv) $1v = v \ (v \in V)$.

補題 2.1　体 $\mathbb{K}$ 上の線形空間 V が $\mathbb{K}[x]$–加群とする。このとき、$f(x)$ 倍写像 $V \to V$ は線形写像である。

証明　公理 (i) より $c \in \mathbb{K}$ に対し

$$f(x)(cv) = (f(x)c)v = (cf(x))v = c(f(x)v) \qquad (v \in V)$$

が成り立つので、公理 (iii) と併せれば線形写像の公理をみたしていることがわかる。 □

命題 2.1　$\mathbb{K}$ を体とする。

(1) $\mathbb{K}^n$ が $\mathbb{K}[x]$–加群ならば、$A \in \mathrm{Mat}(n, n, \mathbb{K})$ が存在して $f(x) \in \mathbb{K}[x]$ に対し $f(x)v = f(A)v \ (v \in \mathbb{K}^n)$ である。
(2) $A \in \mathrm{Mat}(n, n, \mathbb{K})$ を与えると、$f(x)v = f(A)v \ (v \in \mathbb{K}^n)$ により $\mathbb{K}^n$ を $\mathbb{K}[x]$–加群にすることができる。

命題 2.1 によれば、$\mathbb{K}$ 成分正方行列を考えることと有限次元 $\mathbb{K}[x]$–加群を考えることは同値である。

定義 2.3　$\mathbb{K}$ を体とする。$A \in \mathrm{Mat}(n, n, \mathbb{K})$ の定める $\mathbb{K}[x]$–加群とは、$\mathbb{K}^n$ に $\mathbb{K}[x]$ 倍が

$$f(x)v = f(A)v \qquad (f(x) \in \mathbb{K}[x],\ v \in \mathbb{K}^n)$$

と定義されているときをいう。

定義 2.4　$\mathbb{K}$ を体、M を $\mathbb{K}[x]$–加群とする。M の部分集合 N が

(i) $0 \in N$,

(ii) $u, v \in N$ なら $u+v \in N$,

(iii) $f(x) \in \mathbb{K}[x]$, $u \in N$ なら $f(x)u \in N$

をみたすとき、N を M の $\mathbb{K}[x]$–部分加群と呼ぶ。

例 2.1　$\mathbb{C}^n$ を $A \in \mathrm{Mat}(n,n,\mathbb{C})$ が定める $\mathbb{C}[x]$–加群とする。

(a) A の固有ベクトルの $\mathbb{C}$ 倍全体は $\mathbb{C}^n$ の 1 次元 $\mathbb{C}[x]$–部分加群である。

(b) A の固有ベクトルで生成される部分空間は $\mathbb{C}^n$ の $\mathbb{C}[x]$–部分加群である。

(c) $p(x) \in \mathbb{C}[x]$ とすると、$\mathrm{Ker}(p(A))$, $\mathrm{Im}(p(A))$ は $\mathbb{C}^n$ の $\mathbb{C}[x]$–部分加群である。とくに A の固有値 $\lambda \in \mathbb{C}$ に対し

$$\mathrm{Ker}(\lambda E - A)^k = \{v \in \mathbb{C}^n \mid (\lambda E - A)^k v = 0\}$$

や $k=1$ のときの固有空間 $V(\lambda) = \{v \in \mathbb{C}^n \mid Av = \lambda v\}$ は $\mathbb{C}^n$ の $\mathbb{C}[x]$–部分加群である。

例 2.2　W を $\mathbb{K}[x]$–加群、$U, V \subseteq W$ を $\mathbb{K}[x]$–部分加群とする。このとき、$U+V, U \cap V \subseteq W$ も $\mathbb{K}[x]$–部分加群である。

補題 2.2　$\mathbb{K}$ を体とし、$\mathbb{K}^n$ を $A \in \mathrm{Mat}(n,n,\mathbb{K})$ の定める $\mathbb{K}[x]$–加群とする。

(1) $B \in \mathrm{Mat}(n,m,\mathbb{K})$ に対し

$$S = (B, AB, A^2B, \cdots, A^{n-1}B) \in \mathrm{Mat}(n, mn, \mathbb{K})$$

と置く。$\mathrm{Im}(S)$ は $\mathbb{K}^n$ の $\mathbb{K}[x]$–部分加群である。

(2) $C \in \mathrm{Mat}(m,n,\mathbb{K})$ に対し

$$T = \begin{pmatrix} C \\ CA \\ CA^2 \\ \vdots \\ CA^{n-1} \end{pmatrix} \in \mathrm{Mat}(mn, n, \mathbb{K})$$

と置く。$\mathrm{Ker}(T)$ は $\mathbb{K}^n$ の $\mathbb{K}[x]$–部分加群である。

証明 $A \in \mathrm{Mat}(n,n,\mathbb{K})$ の固有多項式を

$$\det(xE-A) = x^n + a_1x^{n-1} + \cdots + a_n$$

とすると Cayley–Hamilton の定理より

$$A^n + a_1A^{n-1} + \cdots + a_nE = O$$

である。ゆえに、$k \geq n$ に対し

$$\mathrm{Im}(B) + \mathrm{Im}(AB) + \cdots + \mathrm{Im}(A^kB) = \mathrm{Im}(S)$$

$$\mathrm{Ker}(C) \cap \mathrm{Ker}(CA) \cap \cdots \cap \mathrm{Ker}(CA^k) = \mathrm{Ker}(T)$$

が成り立ち、(1), (2) が得られる。 □

註 2.3 補題 2.2 (1), (2) の $\mathbb{K}[x]$–部分加群は制御理論に現れる。$\mathrm{Im}(S)$ を可制御部分空間、$\mathrm{Ker}(T)$ を不可観測部分空間と呼ぶ。

定義 2.5 $\mathbb{K}$ を体、M, N を $\mathbb{K}[x]$–加群とする。写像 $f : M \to N$ が $\mathbb{K}[x]$–加群準同型とは次の条件をみたすときをいう。

(1) $f(u+v) = f(u) + f(v)$ $(u, v \in M)$,
(2) $f(g(x)u) = g(x)f(u)$ $(g(x) \in \mathbb{K}[x], u \in M)$.

f が全単射ならば逆写像 f^{-1} も $\mathbb{K}[x]$–加群準同型であり、このとき f を $\mathbb{K}[x]$–加群同型、M と N は同型な $\mathbb{K}[x]$–加群であるといい、$M \simeq N$ と書く。M から N への $\mathbb{K}[x]$–加群準同型のなす集合を $\mathrm{Hom}_{\mathbb{K}[x]}(M,N)$ で表わす。

例 2.3 $\mathbb{K}$ を体とする。線形空間 $\mathbb{K}^m, \mathbb{K}^n$ をそれぞれ

$$M \in \mathrm{Mat}(m,m,\mathbb{K}), \qquad N \in \mathrm{Mat}(n,n,\mathbb{K})$$

により $\mathbb{K}[x]$–加群とみなす。$A \in \mathrm{Mat}(m,n,\mathbb{K})$ の定める線形写像

$$x \in \mathbb{K}^n \mapsto Ax \in \mathbb{K}^m$$

が $\mathbb{K}[x]$–加群準同型になるための必要十分条件は $AN = MA$ である。

例 2.4　$\mathbb{K}[x]$–加群準同型 $f : M \to N$ に対し

$$\mathrm{Ker}(f) = \{u \in M \mid f(u) = 0\}, \qquad \mathrm{Im}(f) = \{f(u) \in N \mid u \in M\}$$

はそれぞれ M と N の $\mathbb{K}[x]$–部分加群である。

定義 2.6　$\mathbb{K}$ を体、M を $\mathbb{K}[x]$–加群、N を M の $\mathbb{K}[x]$–部分加群とする。M, N は $\mathbb{K}$–加群、すなわち線形空間だから商空間

$$M/N = \{u \bmod N \mid u \in M\} = \{u + N \mid u \in M\}$$

を考えると、M/N の $\mathbb{K}[x]$ 倍を

$$f(x)(u + N) = f(x)u + N \qquad (f(x) \in \mathbb{K}[x],\ u \in M)$$

と定義できる。$\mathbb{K}[x]$–加群 M/N を M の商加群と呼ぶ。

定理 2.1　$\mathbb{K}$ を体、M, N を $\mathbb{K}[x]$–加群とする。$f : M \to N$ が $\mathbb{K}[x]$–加群準同型ならば $\mathbb{K}[x]$–加群同型

$$M/\mathrm{Ker}(f) \simeq \mathrm{Im}(f) :\ m + \mathrm{Ker}(f) \mapsto f(m) \qquad (m \in M)$$

が成り立ち、$\mathbb{K}[x]$–加群の準同型定理と呼ぶ。

証明　線形空間の準同型定理より $M/\mathrm{Ker}(f) \to \mathrm{Im}(f)$ は線形空間の同型であるから、とくに全単射である。他方、$c(x) \in \mathbb{K}[x]$ に対し

$$c(x)(m + \mathrm{Ker}(f)) = c(x)m + \mathrm{Ker}(f) \mapsto f(c(x)m) = c(x)f(m)$$

だから $M/\mathrm{Ker}(f) \to \mathrm{Im}(f)$ は $\mathbb{K}[x]$–加群準同型であり、全単射であることと併せれば $\mathbb{K}[x]$–加群同型である。　□

章末問題

1 $\mathbb{C}[x]$ を複素係数多項式全体のなす複素線形空間とする。

$$h(x) = x^3 - 3x + 2 \in \mathbb{C}[x]$$

とし、$(h) \subseteq \mathbb{C}[x]$ を $h(x)$ で割り切れる複素係数多項式全体のなす集合とすると (h) は $\mathbb{C}[x]$ の部分空間である。商空間 $\mathbb{C}[x]/(h)$ は基底

$$\{v_1 = 1 \bmod h,\ \ v_2 = x \bmod h,\ \ v_3 = x^2 \bmod h\}$$

をもつ。$\mathbb{C}[x]/(h)$ における x 倍写像を順序を決めた基底 (v_1, v_2, v_3) に関して行列表示せよ。

2 $h(x) = (x-2)^2$ とする。$h(x)$ で割り切れる多項式 $f(x) \in \mathbb{C}[x]$ 全体のなす $\mathbb{C}[x]$ の部分空間を (h) と書くとき、$f(x) \in (h)$ であるための必要十分条件は $f(2) = 0,\ f'(2) = 0$ であることを示せ。

3 $V = \mathbb{C}^n$ を $A \in \mathrm{Mat}(n, n, \mathbb{C})$ の定める $\mathbb{C}[x]$–加群とする。W が V の $n-1$ 次元部分加群ならば ${}^tA$ の固有ベクトル u が存在して

$$W = \{v \in \mathbb{C}^n \mid {}^tuv = 0\}$$

と核表示されることを示せ。

4 M, N を $\mathbb{C}[x]$–加群とする。$f \in \mathrm{Hom}_{\mathbb{C}[x]}(M, N)$ の $g(x) \in \mathbb{C}[x]$ 倍を

$$g(x)f : m \mapsto g(x)f(m) \qquad (m \in M)$$

で定めることにより $\mathrm{Hom}_{\mathbb{C}[x]}(M, N)$ が $\mathbb{C}[x]$–加群になることを示せ。

5 多項式 $0 \neq h(x) \in \mathbb{C}[x]$ で割り切れる複素係数多項式全体を (h) と書く。このとき、部分空間 $(h) \subseteq \mathbb{C}[x]$ による商空間 $\mathbb{C}[x]/(h)$ は可換環になるが、

$g(x) \in \mathbb{C}[x]$ 倍を

$$g(x)(f(x) \mod h(x)) = f(x)g(x) \mod h(x)$$

と定義することで $\mathbb{C}[x]/(h)$ を $\mathbb{C}[x]$–加群とみなす。(h) は部分 $\mathbb{C}[x]$–加群でもあり商加群と思ってもよい。このとき、$\mathbb{C}[x]$–加群 M に対し $\mathbb{C}[x]$–加群同型

$$\mathrm{Hom}_{\mathbb{C}[x]}(\mathbb{C}[x]/(h), M) \simeq \{u \in M \mid h(x)u = 0\}$$

が $f \mapsto f(1 \mod h(x))$ $(f \in \mathrm{Hom}_{\mathbb{C}[x]}(\mathbb{C}[x]/(h), M))$ により与えられることを示せ。

6 $C^\omega(\mathbb{R})$ を複素数値実解析関数のなす複素線形空間、すなわち

$$C^\omega(\mathbb{R}) = \{t \in \mathbb{R} \to u(t) \in \mathbb{C} \mid u(t) \text{ の Taylor 展開が各点の回りで収束}\}$$

とすると、$C^\omega(\mathbb{R})$ は $\mathbb{C}[x]$ 倍を $g(x) = g_m x^m + \cdots + g_0 \in \mathbb{C}[x]$ に対し

$$g(x)u = g_m \frac{d^m u}{dt^m} + g_{m-1} \frac{d^{m-1} u}{dt^{m-1}} + \cdots + g_0 u$$

と定めることで $\mathbb{C}[x]$–加群になる。$\lambda \in \mathbb{C}$ と $n \in \mathbb{N}$ に対し

$$h(x) = (x - \lambda)^n = x^n + a_1 x^{n-1} + \cdots + a_n \in \mathbb{C}[x]$$

と置くと、$\mathrm{Hom}_{\mathbb{C}[x]}(\mathbb{C}[x]/(h), C^\omega(\mathbb{R}))$ に同型な $C^\omega(\mathbb{R})$ の $\mathbb{C}[x]$–部分加群

$$\left\{ u \in C^\omega(\mathbb{R}) \,\middle|\, \frac{d^n u}{dt^n} + a_1 \frac{d^{n-1} u}{dt^{n-1}} + \cdots + a_n u = 0 \right\}$$

は複素線形空間としての基底

$$\left\{ e^{\lambda t}, t e^{\lambda t}, \cdots, \frac{t^{n-1}}{(n-1)!} e^{\lambda t} \right\}$$

をもつ。$u_0 = \dfrac{t^{n-1}}{(n-1)!} e^{\lambda t} \in C^\omega(\mathbb{R})$ に対し

$$f(x) \mod h(x) \in \mathbb{C}[x]/(h) \mapsto f\left(\frac{d}{dt}\right) u_0$$

が $\mathbb{C}[x]$–加群同型

$$\mathbb{C}[x]/(h) \simeq \left\{ u \in C^{\omega}(\mathbb{R}) \mid \frac{d^n u}{dt^n} + a_1 \frac{d^{n-1}u}{dt^{n-1}} + \cdots + a_n u = 0 \right\}$$

を与えることを示せ。

7 $\mathbb{C}[\mathbb{N}]$ を $\mathbb{N}$ 上の複素数値関数のなす複素線形空間とする。$f \in \mathbb{C}[\mathbb{N}]$ の値 $f(n)$ $(n \in \mathbb{N})$ を f_n と書く習慣であり、$\{f_n\}_{n\in\mathbb{N}}$ は数列である。$\mathbb{C}[\mathbb{N}]$ は $\mathbb{C}[x]$ 倍を $g(x) = g_m x^m + \cdots + g_0 \in \mathbb{C}[x]$ に対し

$$g(x)f:\ n \in \mathbb{N} \mapsto g_m f_{n+m} + g_{m-1} f_{n+m-1} + \cdots + g_0 f_n \in \mathbb{C}$$

と定めることで $\mathbb{C}[x]$–加群になる。$h(x) = x^3 - 3x - 2$ のとき、漸化式の一般項を求めることで $\mathbb{C}[x]$–加群同型

$$\mathrm{Hom}_{\mathbb{C}[x]}(\mathbb{C}[x]/(h), \mathbb{C}[\mathbb{N}]) \simeq \mathbb{C}[x]/(h)$$

を示せ。

8 $\mathbb{C}[\mathbb{N}]$ を上記の $\mathbb{C}[x]$–加群とする。$c_1, \cdots, c_d \in \mathbb{C}$ が存在して

$$f_{n+d} + c_1 f_{n+d-1} + \cdots + c_d f_n = 0 \qquad (n \in \mathbb{N})$$

が成り立つとき、$f \in \mathbb{C}[\mathbb{N}]$ は非自明な斉次線形漸化式をみたすという。非自明な斉次線形漸化式をみたす $f \in \mathbb{C}[\mathbb{N}]$ の全体を L とするとき次の問に答えよ。

(i) L が $\mathbb{C}[\mathbb{N}]$ の $\mathbb{C}[x]$–部分加群であることを示せ。

(ii) $f \in \mathbb{C}[\mathbb{N}]$ が非自明な斉次線形漸化式

$$f_{n+d} + c_1 f_{n+d-1} + \cdots + c_d f_n = 0 \qquad (n \in \mathbb{N})$$

をみたすとき、相異なる複素数 $\alpha_1, \cdots, \alpha_d$ が存在して

$$(x - \alpha_1) \cdots (x - \alpha_d) = x^d + c_1 x^{d-1} + \cdots + c_d$$

ならば f を分離的数列と呼ぶこととする。分離的数列の全体は L の $\mathbb{C}[x]$–部分加群をなすことを示せ。

(iii) $k \in \mathbb{N}$ とする。一般項 $f_n = n^k$ $(n \in \mathbb{N})$ により定まる $f \in \mathbb{C}[\mathbb{N}]$ は L に属すが分離的でないことを示せ。

第3章

環上の加群

3.1 環準同型と体準同型

R, S を環、$1_R, 1_S$ をそれぞれ R, S の単位元とする。写像 $f : R \to S$ が

(i) $f(ab) = f(a)f(b)$ $(a, b \in R)$,

(ii) $f(a+b) = f(a) + f(b)$ $(a, b \in R)$,

(iii) $f(1_R) = 1_S$

をみたすとき環準同型と呼ぶ。とくに f が全単射のとき環同型と呼ぶ。また、R, S がともに体のときは環準同型を体準同型と呼ぶ。

註 3.1 本書ではつねに単位元は零元とは異なる要素であると仮定する。

条件 (iii) は (i), (ii) とは独立した条件である。実際、$f : \mathbb{Z} \to \mathrm{Mat}(2, 2, \mathbb{Z})$ を

$$a \in \mathbb{Z} \mapsto \begin{pmatrix} 0 & 0 \\ 0 & a \end{pmatrix} \in \mathrm{Mat}(2, 2, \mathbb{Z})$$

と定めれば、(i), (ii) をみたすが (iii) はみたさない。

他方、R の零元 0_R と S の零元 0_S に対し $f(0_R) = 0_S$ を条件に課さないのは、(ii) と環の加法の公理から得られるためである。実際、$0_R + 0_R = 0_R$ から $f(0_R) + f(0_R) = f(0_R)$ となり、$f(0_R) \in S$ に対し $-f(0_R) \in S$ が存在

して $f(0_R)+(-f(0_R))=0_S$ であるから、

$$\begin{aligned}0_S &= f(0_R)+(-f(0_R)) \\ &= (f(0_R)+f(0_R))+(-f(0_R)) = f(0_R)+(f(0_R)+(-f(0_R))) \\ &= f(0_R)+0_S = f(0_R)\end{aligned}$$

と計算すれば $f(0_R)=0_S$ が得られる。

環準同型 $f:R\to S$ に対し $\mathrm{Ker}(f), \mathrm{Im}(f)$ を

$$\mathrm{Ker}(f)=\{r\in R \mid f(r)=0\}, \qquad \mathrm{Im}(f)=\{f(r)\in S \mid r\in R\}$$

と定義する。$a,b\in R$, $r\in \mathrm{Ker}(f)$ のとき $arb\in \mathrm{Ker}(f)$ だから $R/\mathrm{Ker}(f)$ は自然に環になる。$\mathrm{Im}(f)$ も環である。このとき、環同型 $R/\mathrm{Ker}(f)\simeq \mathrm{Im}(f)$ が成り立ち、環の準同型定理と呼ぶ。

例 3.1　$\mathbb{K}$ を体、V を $\mathbb{K}[x]$–加群とする。このとき、V は $\mathbb{K}$–加群であり、$f(x)\in\mathbb{K}[x]$ に対し $v\mapsto f(x)v$ $(v\in V)$ は線形写像である。

$$\mathrm{End}_{\mathbb{K}}(V)=\{\phi:V\to V \mid \phi \text{ は線形写像}\}$$

と置くと、環準同型 $\mathbb{K}[x]\to\mathrm{End}_{\mathbb{K}}(V)$ が得られる。とくに V が $A\in \mathrm{Mat}(n,n,\mathbb{K})$ から定まる $\mathbb{K}[x]$–加群ならば $\mathrm{End}_{\mathbb{K}}(V)=\mathrm{Mat}(n,n,\mathbb{K})$ であり、環準同型 $\mathbb{K}[x]\to\mathrm{End}_{\mathbb{K}}(V)$ は $f(x)\mapsto f(A)$ で与えられる。

例 3.2　有理数にその循環小数表示を対応させる写像は体準同型 $\mathbb{Q}\to\mathbb{R}$ を与える。

補題 3.1　体 $\mathbb{K}$、環 R に対し環準同型 $\mathbb{K}\to R$ は単射である。とくに体準同型は単射である。

証明　$0\neq a\in\mathbb{K}\mapsto 0\in R$ なら $1=a^{-1}a\mapsto 0\neq 1$ となり矛盾する。　□

註 3.2　この教科書では体を線形空間の理論でしか使わないが、体の基礎に関するより進んだ講義では体の拡大や Galois 理論などを学ぶことになる。

3.2 環上の加群と加群準同型

一般の環に対して環上の加群を定義するには群の導入が必要である。

定義 3.1 2 項演算 $m : G \times G \to G$ が与えられている集合 G が次の条件をみたすとき群と呼ぶ。ただし、$m(x, y)$ を xy と略記する。

(1) 結合法則 $(ab)c = a(bc)$ $(a, b, c \in G)$ が成り立つ。

(2) 単位元 $e \in G$ が存在する。すなわち、$ea = ae = a$ $(a \in G)$ である。

(3) 任意の要素 $a \in G$ に対し逆元 a^{-1} が存在する。すなわち、$a^{-1} \in G$ は

$$aa^{-1} = a^{-1}a = e \qquad (a \in G)$$

をみたす。

交換法則 $m(x, y) = m(y, x)$ が成り立つとき G を加法群、可換群または Abel 群と呼び、$m(x, y)$ を xy ではなく $x + y$ と略記する。また $a \in G$ の逆元を a^{-1} ではなく $-a$ と書く。

下記は代表的な群の例である。

(1) $\mathbb{K}$ が体ならば $\mathbb{K}$ の乗法により $\mathbb{K}^\times = \mathbb{K} \setminus \{0\}$ は加法群である。

(2) X を集合、G を X から X への全単射写像全体のなす集合とするとき、写像の合成により G は群である。とくに $X = \{1, 2, \cdots, n\}$ ならば G を S_n と書き、n 次対称群と呼ぶ。

(3) 実線形空間 $\mathbb{R}^2$ 上の線形変換で、原点を中心とし $2\pi/n$ の整数倍を回転角とする回転を表わすものの全体

$$C_n = \left\{ \begin{pmatrix} \cos(2\pi k/n) & -\sin(2\pi k/n) \\ \sin(2\pi k/n) & \cos(2\pi k/n) \end{pmatrix} \middle| \; k \in \mathbb{Z} \right\}$$

は加法群である。

(4) 体 $\mathbb{K}$ 上の線形空間は加法により加法群である。

(5) $n \in \mathbb{N}$ に対し、$\mathbb{Z}/n\mathbb{Z} = \{a \bmod n \mid a \in \mathbb{Z}\}$ は

$$(a \bmod n) + (b \bmod n) = (a + b \bmod n) \qquad (a, b \in \mathbb{Z})$$

により加法群である。

定義 3.2 G, H を群とする。写像 $f : H \to G$ が

$$f(xy) = f(x)f(y) \qquad (x, y \in H)$$

をみたすとき群準同型と呼ぶ。G, H が加法群ならば条件を

$$f(x + y) = f(x) + f(y) \qquad (x, y \in H)$$

と書くことが多い。

例 3.3 $S_n \to \mathbb{C}^\times$ を $\sigma \mapsto \mathrm{sgn}(\sigma)$ で定めると群準同型である。この準同型は線形代数の講義で行列式 $\det(X)$ の定義に使われた。

註 3.3 $S_n \to \mathbb{C}^\times$ を $\sigma \mapsto 1$ で定めても群準同型である。行列式の定義において $\mathrm{sgn}(\sigma)$ を 1 に置き換えて得られる多項式を永久式と呼び、$\mathrm{per}(X)$ と表わす。永久式は理論計算機科学で重要な役割を果たす。たとえば有名な Clay 数学研究所のミレニアム問題である P vs. NP 問題の算術回路版として VP vs. VNP 問題があり、永久式は VNP 完全な多項式列を与える。

定義 3.3 R を環、M を加法群とする。作用写像 $a : R \times M \to M$ が与えられていて次の条件をみたすとき、M を R–加群と呼ぶ。ただし、$a(r, x)$ を rx と略記する。

(1) $(rs)x = r(sx)$ $(r, s \in R,\ x \in M)$,
(2) $(r + s)x = rx + sx$ $(r, s \in R,\ x \in M)$,
(3) $r(x + y) = rx + ry$ $(r \in R,\ x, y \in M)$,
(4) $1_R x = x$ $(x \in M)$.

註 3.4 $\mathbb{K}[x]$–加群の定義において加法に関する公理が加法群の公理であり、$\mathbb{K}[x]$ 倍の公理を R 倍の公理に一般化したものが作用写像の公理に他ならない。

註 3.5 本来は R 倍を右から作用させるべきであり、線形代数においても線形写像や基底の変換は列ベクトルに左から作用し定数倍は右から作用すべきであるが、R が可換環の場合は左から R 倍しても困らないこともあり、代数

学基礎で教える環が可換環中心であることもあり、R 倍を左からの作用で定義する教科書が多数を占める。本書でも従来の教科書との接続を重視して慣習に従った。

補題 3.2 加法群には自然に $\mathbb{Z}$ 倍が定まり、任意の加法群は $\mathbb{Z}$–加群である。

補題 3.3 R, S を環、$f : R \to S$ を環準同型とする。S–加群 M に対し $R \times M \to M$ を $(r, x) \mapsto f(r)x$ で定義すると M は R–加群である。

定義 3.4 R を環、M, N を R–加群とする。写像 $f : M \to N$ が R–加群準同型とは次の条件をみたすときをいう。

(1) $f(x + y) = f(x) + f(y)$ $(x, y \in M)$,

(2) $f(rx) = rf(x)$ $(r \in R,\ x \in M)$.

f が全単射ならば逆写像も R–加群準同型である。このとき、f を R–加群同型、M と N は同型な R–加群であるといい、$M \simeq N$ と書く。M から N への R–加群準同型のなす集合を $\mathrm{Hom}_R(M, N)$ で表わす。また、$M = N$ のとき $\mathrm{Hom}_R(M, N)$ を $\mathrm{End}_R(M)$ と書く。

定義 3.5 R を環、M, N を R–加群とする。$f \in \mathrm{Hom}_R(M, N)$ に対し

$$\mathrm{Ker}(f) = \{u \in M \mid f(u) = 0\}, \qquad \mathrm{Im}(f) = \{f(u) \in N \mid u \in M\}$$

と定義する。

註 3.6 M が R–加群とは加法群 M に環準同型 $\rho : R \to \mathrm{End}_{\mathbb{Z}}(M)$ が与えられていることと同値である。作用写像は $a(r, x) = \rho(r)x$ $(r \in R,\ x \in M)$ であり、$\rho(r) \in \mathrm{End}_{\mathbb{Z}}(M)$ が条件 (3) $r(x + y) = rx + ry$ $(r \in R,\ x, y \in M)$ を意味し、環準同型であることが残りの条件 (1), (2), (4) を意味する。

定義 3.6 R を環、L, M, N を R–加群とする。

$$0 \longrightarrow L \xrightarrow{f} M \xrightarrow{g} N \longrightarrow 0$$

が R–加群の短完全系列とは次の条件をみたすときをいう。

(i) 写像 $f: L \to M$ は単射 R–加群準同型である。

(ii) 写像 $g: M \to N$ は全射 R–加群準同型である。

(iii) $\mathrm{Ker}(g) = \mathrm{Im}(f)$ が成り立つ。

例 3.4　$\mathbb{K}^l, \mathbb{K}^m, \mathbb{K}^n$ を体 $\mathbb{K}$ 上の線形空間とし、それぞれ

$$L \in \mathrm{Mat}(l, l, \mathbb{K}), \qquad M \in \mathrm{Mat}(m, m, \mathbb{K}), \qquad N \in \mathrm{Mat}(n, n, \mathbb{K})$$

により $\mathbb{K}[x]$–加群とみなす。$f: \mathbb{K}^l \to \mathbb{K}^m$, $g: \mathbb{K}^m \to \mathbb{K}^n$ を $f(x) = Ax$, $g(x) = Bx$ ($A \in \mathrm{Mat}(m, l, \mathbb{K})$, $B \in \mathrm{Mat}(n, m, \mathbb{K})$) により定め、

$$\mathrm{rank}(A) = l, \qquad \mathrm{rank}(B) = n, \qquad BA = O, \qquad l + n = m$$

と仮定する。このとき、$\mathbb{K}$–加群の短完全系列

$$0 \longrightarrow \mathbb{K}^l \xrightarrow{f} \mathbb{K}^m \xrightarrow{g} \mathbb{K}^n \longrightarrow 0$$

が $\mathbb{K}[x]$–加群の短完全系列になるための必要十分条件は $AL = MA$, $BM = NB$ である。

命題 3.1　$\mathbb{K}$ を体とし、線形写像 $f: \mathbb{K}^l \to \mathbb{K}^m$, $g: \mathbb{K}^m \to \mathbb{K}^n$ を

$$A \in \mathrm{Mat}(m, l, \mathbb{K}), \qquad B \in \mathrm{Mat}(n, m, \mathbb{K})$$

を用いて $f(x) = Ax$, $g(x) = Bx$ と定めるとき、

$$0 \longrightarrow \mathbb{K}^l \xrightarrow{f} \mathbb{K}^m \xrightarrow{g} \mathbb{K}^n \longrightarrow 0$$

が $\mathbb{K}$–加群の短完全系列でかつ $M \in \mathrm{Mat}(m, m, \mathbb{K})$ が $BMA = O$ をみたす、つまり M 倍写像が $\mathrm{Im}(f)$ を保つとする。このとき $N \in \mathrm{Mat}(n, n, \mathbb{K})$ が存在して $NB = BM$ となり、$L \in \mathrm{Mat}(l, l, \mathbb{K})$ が存在して $AL = MA$ になる。

すなわち、短完全系列の中央項が M の定める $\mathbb{K}[x]$–加群ならば短完全系列の両端の項も $\mathbb{K}[x]$–加群になり、短完全系列は $\mathbb{K}[x]$–加群の短完全系列になる。

証明　$\mathrm{Im}(A)$ の基底 $\{v_1, \cdots, v_l\}$ を $\mathbb{K}^m$ の基底 $\{v_1, \cdots, v_m\}$ に延長し $w_1 = Bv_{l+1}, \cdots, w_n = Bv_m$ と置くと、g が全射で $n = m - l$ だから $\{w_1, \cdots, w_n\}$ が $\mathbb{K}^n$ の基底になる。とくに $P = (w_1, \cdots, w_n) \in \mathrm{Mat}(n, n, \mathbb{K})$

は可逆行列である。

$$(BMv_{l+1}, \cdots, BMv_n) = (w_1, \cdots, w_n)P^{-1}NP$$

をみたす $N \in \mathrm{Mat}(n, n, \mathbb{K})$ を取れば $BM = NB$ となる。また、f が単射だから A の列ベクトルを $\mathrm{Im}(f)$ の基底に取れば仮定より $MA = AL$ をみたす $L \in \mathrm{Mat}(l, l, \mathbb{K})$ が取れる。 □

定義 3.7　R–加群 $M_1, \cdots, M_n$ に対し、直積集合

$$M_1 \times \cdots \times M_n = \{(x_1, \cdots, x_n) \mid x_1 \in M_1, \cdots, x_n \in M_n\}$$

の加法を成分ごとの和で定め、R 倍を $r \in R$ に対し

$$r(x_1, \cdots, x_n) = (rx_1, \cdots, rx_n)$$

と定めると R–加群になる。この R–加群を $M_1 \times \cdots \times M_n$ または $M_1 \oplus \cdots \oplus M_n$ と書く。前者の記号を使ったときは直積、後者の記号を使ったときは直和と呼ぶ。

註 3.7　将来圏論を学ぶと直積と直和は異なる概念であることを知ることになるが、加群を考える限り有限直積と有限直和は同じものと思ってよい。

数学の定義には具体的に指定する定義と一意性による定義がある。たとえば実数を Cauchy 列を用いて定義するのは具体的構成による定義であり、実数の公理で定義するのは一意性による定義である。圏論における直積と直和の定義は普遍性という性質を用い、一意性による定義の一種である。とくに、加群の有限直積を定義するときは、R–加群準同型である第 k 成分への射影

$$\pi_k : M_1 \times \cdots \times M_n \longrightarrow M_k$$

を用い、有限直和を定義するときは、$x \in M_k$ を第 k 成分が x でそれ以外の成分が 0 の要素に移す R–加群準同型

$$\iota_k : M_k \longrightarrow M_1 \times \cdots \times M_n$$

を用いる。以上はこの教科書を読むのにまったく必要のない進んだ話題であるが、興味のある読者は圏論の教科書を参照されたい。

3.3　環上の加群の部分加群と商加群

ここまでで、体上の線形空間と線形写像の概念を環上の加群と準同型の概念に一般化することができた。体を含まない一般の環に対して加群を定義するには加法群の概念の導入が必要であった。線形空間の部分空間や商空間の概念も一般化され、部分加群と商加群を用いることで環上の加群の短完全系列の例を与えることができる。

定義 3.8　R を環、M を R–加群とする。M の部分集合 N が

(i) $0 \in N$,

(ii) $u, v \in N$ なら $u + v \in N$,

(iii) $r \in R$, $u \in N$ なら $ru \in N$

をみたすとき、N を M の R–部分加群と呼ぶ。

定義 3.7 の直和は外部直和と呼ばれるが、別の定義もある。

定義 3.9　R–加群 M と M の R–部分加群 $M_1, \cdots, M_n$ に対し

(i) 任意の $v \in M$ に対し $v = v_1 + \cdots + v_n$ となる $v_1 \in M_1, \cdots, v_n \in M_n$ を見つけることができる。

(ii) 条件 $v_1 \in M_1, \cdots, v_n \in M_n$, $v_1 + \cdots + v_n = 0$ から $v_i = 0$ $(1 \leq i \leq n)$ を証明できる。

が成り立つとき、$M = M_1 \oplus \cdots \oplus M_n$ と書く。

定義 3.9 の直和は内部直和と呼ばれる。体 $\mathbb{K}$ 上の n 次元線形空間 V と V の基底 $\{e_1, \cdots, e_n\}$ に対し、$V = \mathbb{K}e_1 \oplus \cdots \oplus \mathbb{K}e_n$ は内部直和の例である。

例 3.5　R–加群準同型 $f : M \to N$ に対し K が N の R–部分加群ならば

$$f^{-1}(K) = \{u \in M \mid f(u) \in K\}$$

は M の R–部分加群であり、L が M の R–部分加群ならば

$$f(L) = \{f(u) \in N \mid u \in L\}$$

は N の R–部分加群である。とくに

$$\mathrm{Ker}(f) = \{u \in M \mid f(u) = 0\}, \qquad \mathrm{Im}(f) = \{f(u) \in N \mid u \in M\}$$

はそれぞれ M と N の R–部分加群になる。

定義 3.10 R を環とする。このとき、左からの R の積写像を作用写像とすることにより R 自身が R–加群である。R の部分加群を左イデアルと呼ぶ。R が可換環ならば左イデアルを単にイデアルと呼ぶ。

註 3.8 環 R の $\mathbb{Z}$–部分加群 I が、$r \in R, v \in I$ に対し $vr \in I$ をみたすときには I を右イデアルと呼ぶ。左イデアルかつ右イデアルのとき、イデアルまたは両側イデアルと呼ぶ。R, S が環、$f : R \to S$ が環準同型なら、$\mathrm{Ker}(f)$ は R のイデアルである。

例 3.6 R を可換環、$R[x_1, \cdots, x_n]$ を n 変数 R 係数多項式全体のなす環とするとき、$a_1, \cdots, a_n \in R$ に対し環準同型 $\psi : R[x_1, \cdots, x_n] \to R$ を

$$f(x_1, \cdots, x_n) \in R[x_1, \cdots, x_n] \mapsto f(a_1, \cdots, a_n) \in R$$

と定める。註 3.8 により $\mathrm{Ker}(\psi)$ はイデアルである。$\mathrm{Ker}(\psi)$ の要素を具体的に求めてみよう。多項式 $f_1, \cdots, f_n \in R[x_1, \cdots, x_n]$ を用いて

$$f_1(x_1, \cdots, x_n)(x_1 - a_1) + \cdots + f_n(x_1, \cdots, x_n)(x_n - a_n)$$

の形に書けるならば $\mathrm{Ker}(\psi)$ に属する。逆に

$$\mathrm{Ker}(\psi) \ni f = \sum_{m_1 \geq 0, \cdots, m_n \geq 0} c_{m_1, \cdots, m_n} x_1^{m_1} \cdots x_n^{m_n} \qquad (c_{m_1, \cdots, m_n} \in R)$$

とするとき、f から $\psi(f) = 0$ を引けば

$$f = \sum_{m_1 \geq 0, \cdots, m_n \geq 0} c_{m_1, \cdots, m_n} (x_1^{m_1} \cdots x_n^{m_n} - a_1^{m_1} \cdots a_n^{m_n})$$

になるから、$i = 1, \cdots, n-1$ に対し、$x_i^{m_i} \cdots x_n^{m_n} - a_i^{m_i} \cdots a_n^{m_n}$ を

$$(x_i^{m_i} - a_i^{m_i}) x_{i+1}^{m_{i+1}} \cdots x_n^{m_n} + a_i^{m_i} (x_{i+1}^{m_{i+1}} \cdots x_n^{m_n} - a_{i+1}^{m_{i+1}} \cdots a_n^{m_n})$$

と書き直すことを繰り返すことで、$f(x_1, \cdots, x_n) \in \mathrm{Ker}(\psi)$ が

$$f_1(x_1, \cdots, x_n)(x_1 - a_1) + \cdots + f_n(x_1, \cdots, x_n)(x_n - a_n)$$

の形になることがわかる。一般に、$h_1, \cdots, h_r \in R[x_1, \cdots, x_n]$ に対し

$$(h_1, \cdots, h_r) = \{f_1 h_1 + \cdots + f_r h_r \mid f_1, \cdots, f_r \in R[x_1, \cdots, x_n]\}$$

はイデアルであり、この記号を用いれば $\mathrm{Ker}(\psi) = (x_1 - a_1, \cdots, x_n - a_n)$ である。(この結果は $R = \mathbb{C}$ のときは Taylor 展開より明らかである。)

例 3.7　$d \in \mathbb{Z}$ に対し $(d) = \{nd \in \mathbb{Z} \mid n \in \mathbb{Z}\}$ は $\mathbb{Z}$ のイデアルである。

定義 3.11　R を環、M を R–加群、N を M の R–部分加群とする。

$$M/N = \{u \bmod N \mid u \in M\} = \{u + N \mid u \in M\}$$

は $(u + N) + (v + N) = (u + v) + N$ $(u, v \in M)$ により加法群であり、N が R–部分加群であることより R 倍を

$$r(u + N) = ru + N \qquad (r \in R,\ u \in M)$$

と定義できる。R–加群 M/N を M の商加群と呼ぶ。

環準同型の核からイデアルが得られたが、逆にイデアルによる商加群から環準同型が得られる。すなわち次の補題が成り立つ。

補題 3.4　R を可換環、I を R のイデアルとする。このとき、商加群 R/I は作用写像 $R \times R/I \to R/I$ の誘導する写像 $R/I \times R/I \to R/I$ を積写像にする可換環になる。また、$r \mapsto r + I$ $(r \in R)$ の定める写像 $R \to R/I$ は環準同型である。

註 3.9　R を環、M を R–加群、N を M の R–部分加群とする。$\iota(x) = x$ $(x \in N)$ を包含写像、$\pi(x) = x + N$ $(x \in M)$ を商写像とすれば

$$0 \longrightarrow N \stackrel{\iota}{\longrightarrow} M \stackrel{\pi}{\longrightarrow} M/N \longrightarrow 0$$

は R–加群の短完全系列である。

$f : M \to N$ を R–加群準同型とすると R–加群の準同型定理

$$M/\operatorname{Ker}(f) \simeq \operatorname{Im}(f):\ x+\operatorname{Ker}(f) \mapsto f(x)$$

が成り立つ。実際、$r \in R$ に対し $rx+\operatorname{Ker}(f) \mapsto f(rx) = rf(x)$ かつ全単射だから、$M/\operatorname{Ker}(f) \to \operatorname{Im}(f)$ は R–加群同型になる。

とくに、$\iota: \operatorname{Ker}(f) \to M$ を包含写像とすれば

$$0 \longrightarrow \operatorname{Ker}(f) \stackrel{\iota}{\longrightarrow} M \stackrel{f}{\longrightarrow} \operatorname{Im}(f) \longrightarrow 0$$

は R–加群の短完全系列である。より具体的な例をいくつか挙げよう。

例 3.8 $R = \mathbb{K}[x_1, x_2]$ を体 $\mathbb{K}$ 上の多項式環とする。$V = \mathbb{K}^{m+n}$ を

$$\mathbb{K}^{m+n} = \left\{ \begin{pmatrix} v_1 \\ v_2 \end{pmatrix} \middle|\ v_1 \in \mathbb{K}^m,\ v_2 \in \mathbb{K}^n \right\}$$

と表わすとき、$A, B \in \operatorname{Mat}(m, n, \mathbb{K})$ を用いて

$$x_1 \begin{pmatrix} v_1 \\ v_2 \end{pmatrix} = \begin{pmatrix} O & A \\ O & O \end{pmatrix} \begin{pmatrix} v_1 \\ v_2 \end{pmatrix}, \qquad x_2 \begin{pmatrix} v_1 \\ v_2 \end{pmatrix} = \begin{pmatrix} O & B \\ O & O \end{pmatrix} \begin{pmatrix} v_1 \\ v_2 \end{pmatrix}$$

と定めれば

$$\begin{pmatrix} O & A \\ O & O \end{pmatrix} \begin{pmatrix} O & B \\ O & O \end{pmatrix} = \begin{pmatrix} O & B \\ O & O \end{pmatrix} \begin{pmatrix} O & A \\ O & O \end{pmatrix}$$

より V は R–加群である。他方、$\mathbb{K}^m$, $\mathbb{K}^n$ は x_1, x_2 が 0 で作用することで R–加群である。このとき、

$$0 \longrightarrow \mathbb{K}^m \stackrel{\iota}{\longrightarrow} V \stackrel{\pi}{\longrightarrow} \mathbb{K}^n \longrightarrow 0$$

は R–加群の短完全系列である。ただし、

$$\iota:\ v_1 \mapsto \begin{pmatrix} v_1 \\ 0 \end{pmatrix}, \qquad \pi:\ \begin{pmatrix} v_1 \\ v_2 \end{pmatrix} \mapsto v_2$$

である。

例 3.9 乗法と加法を行列の積と和で定めた環 R を

$$R = \left\{ \begin{pmatrix} a & b \\ 0 & c \end{pmatrix} \middle| \, a, c \in \mathbb{Z}, \ \ b \in \mathbb{Q} \right\}$$

とすると、行列と列ベクトルの積により

$$V = \left\{ \begin{pmatrix} x \\ y \end{pmatrix} \middle| \, x \in \mathbb{Q}, \ \ y \in \mathbb{Z} \right\}$$

は R–加群である。また、$\mathbb{Q}$ は

$$\begin{pmatrix} a & b \\ 0 & c \end{pmatrix} x = ax \qquad (x \in \mathbb{Q})$$

により R–加群であり、$\mathbb{Z}$ は

$$\begin{pmatrix} a & b \\ 0 & c \end{pmatrix} y = cy \qquad (y \in \mathbb{Z})$$

により R–加群である。$\iota : \mathbb{Q} \to V$ と $\pi : V \to \mathbb{Z}$ を

$$x \in \mathbb{Q} \mapsto \begin{pmatrix} x \\ 0 \end{pmatrix} \in V, \qquad \begin{pmatrix} x \\ y \end{pmatrix} \in V \mapsto y \in \mathbb{Z}$$

と定義すれば

$$0 \longrightarrow \mathbb{Q} \xrightarrow{\iota} V \xrightarrow{\pi} \mathbb{Z} \longrightarrow 0$$

は R–加群の短完全系列である。

例 3.10　$\mathbb{K}$ を体、$h(x) = x^n + a_1 x^{n-1} + \cdots + a_n \in \mathbb{K}[x]$ とする。$\mathbb{K}[x]$–加群 $\mathbb{K}[x]/(h)$ は $\mathbb{K}$–加群でもあるから、$\mathbb{K}[x]/(h)$ の線形空間としての基底を

$$v_1 = 1 + (h), \ v_2 = x + (h), \ \ \cdots, \ \ v_n = x^{n-1} + (h)$$

と取ると、x 倍写像の行列表示は

$$A = \begin{pmatrix} 0 & \cdots & \cdots & 0 & -a_n \\ 1 & \ddots & & \vdots & \vdots \\ 0 & \ddots & \ddots & \vdots & \vdots \\ \vdots & \ddots & \ddots & 0 & -a_2 \\ 0 & \cdots & 0 & 1 & -a_1 \end{pmatrix}$$

である。ゆえに、線形同型 $f : \mathbb{K}^n \simeq \mathbb{K}[x]/(h)$ を

$$c = \begin{pmatrix} c_1 \\ \vdots \\ c_n \end{pmatrix} \mapsto c_1 v_1 + \cdots + c_n v_n$$

と定め、$\mathbb{K}^n$ を A の定める $\mathbb{K}[x]$–加群とみなすと、

$$xc = Ac = \begin{pmatrix} -a_n c_n \\ c_1 - a_{n-1} c_n \\ \vdots \\ c_{n-1} - a_1 c_n \end{pmatrix} = \begin{pmatrix} 0 \\ c_1 \\ \vdots \\ c_{n-1} \end{pmatrix} - c_n \begin{pmatrix} a_n \\ a_{n-1} \\ \vdots \\ a_1 \end{pmatrix}$$

だから、$a_n v_1 + a_{n-1} v_2 + \cdots + a_1 v_n$ が

$$a_1 x^{n-1} + \cdots + a_n \equiv -x^n \mod h(x)$$

に等しいことに注意すれば

$$\begin{aligned} f(xc) &= (c_1 v_2 + \cdots + c_{n-1} v_n) - c_n(a_n v_1 + a_{n-1} v_2 + \cdots + a_1 v_n) \\ &= (c_1 x + \cdots + c_{n-1} x^{n-1} + c_n x^n) \mod h(x) \\ &= x(c_1 + \cdots + c_n x^{n-1}) \mod h(x) = xf(c) \end{aligned}$$

となる。ゆえに $f : \mathbb{K}^n \simeq \mathbb{K}[x]/(h)$ は $\mathbb{K}[x]$–加群準同型であり、$\mathbb{K}[x]/(h)$ は A から定まる $\mathbb{K}[x]$–加群に同型である。そこで、$p : \mathbb{K}[x] \to \mathbb{K}[x]$ を $h(x)$ 倍写像、$\pi : \mathbb{K}[x] \to \mathbb{K}[x]/(h)$ を商写像として $q = f^{-1} \circ \pi$ と定めると、

$$0 \longrightarrow \mathbb{K}[x] \xrightarrow{p} \mathbb{K}[x] \xrightarrow{q} \mathbb{K}^n \longrightarrow 0$$

は $\mathbb{K}[x]$–加群の短完全系列である。

例 3.11　R を環とする。$x_1, \cdots, x_n, y_1, \cdots, y_n, r \in R$ に対し

$$\begin{pmatrix} x_1 \\ \vdots \\ x_n \end{pmatrix} + \begin{pmatrix} y_1 \\ \vdots \\ y_n \end{pmatrix} = \begin{pmatrix} x_1 + y_1 \\ \vdots \\ x_n + y_n \end{pmatrix}, \qquad r\begin{pmatrix} x_1 \\ \vdots \\ x_n \end{pmatrix} = \begin{pmatrix} rx_1 \\ \vdots \\ rx_n \end{pmatrix}$$

と定めると $M = R^n$ は R–加群である。線形代数に合わせて列ベクトルで書いているが、R^n は R–加群 R の n 個の直積

$$R \times \cdots \times R = \{(x_1, \cdots, x_n) \mid x_1, \cdots, x_n \in R\}$$

に同型であるから行ベクトルで書いてもよい。$I_1, \cdots, I_n$ を R の左イデアルとすると $R/I_1, \cdots, R/I_n$ は R–加群であり、

$$N = \left\{ \begin{pmatrix} x_1 \\ \vdots \\ x_n \end{pmatrix} \in R^n \;\middle|\; x_1 \in I_1, \cdots, x_n \in I_n \right\}$$

は M の R–部分加群である。このとき次の R–加群同型が得られる。

$$M/N \simeq R/I_1 \times \cdots \times R/I_n$$

3.4　自由加群の基底

前節では線形空間の同型や部分空間、商空間という線形代数の概念を環上の加群の場合に一般化したが、本節では基底という概念を一般化する。しかし、環上の加群の基底はいつも存在するとは限らない。

定義 3.12　R を環とする。R–加群 M が R^n と同型のとき M を自由 R–加群と呼ぶ。

R に条件をつけないと、$m \neq n$ に対し R–加群同型 $R^m \simeq R^n$ が存在する

こともあるが、R が有理整数環 $\mathbb{Z}$ や体上の一変数多項式環 $\mathbb{K}[x]$ のときは R–加群同型 $R^m \simeq R^n$ から $m = n$ が得られ、自由 R–加群の階数を定義できる。

補題 3.5 $\mathbb{Z}$–加群同型 $f : \mathbb{Z}^m \simeq \mathbb{Z}^n$ が存在すれば $m = n$ である。

証明 $A \in \mathrm{Mat}(n, m, \mathbb{Z})$ が存在して $f(x) = Ax$ だから、$m > n$ ならば $Ax = 0$ に非自明有理数解 $x \in \mathbb{Q}^m$ が存在することがわかる。この非自明解の分母を払えば $\mathrm{Ker}(f) \neq 0$ を得るが、f が同型であることに矛盾する。$m < n$ のときは、f の代わりに f^{-1} を考え、同じ議論により矛盾を得る。 □

註 3.10 体上の一変数多項式環に対しても同様である。実際には、任意の可換環 R に対し R–加群同型 $R^m \simeq R^n$ から $m = n$ を示すことができる。R と異なるイデアルで包含関係に関して極大なものを極大イデアルと呼ぶ。R の極大イデアル $\mathfrak{m}$ による商は体になる。$R^m \simeq R^n$ に極大イデアルを掛けて得られる部分加群 $(\mathfrak{m}R)^m \simeq (\mathfrak{m}R)^n$ による商加群を考えれば $m = n$ が得られる。

定義 3.13 R を環、M を R–加群とする。$v_1, \cdots, v_m \in M$ が M を生成するとは

$$M = \{r_1 v_1 + \cdots + r_m v_m \mid r_1, \cdots, r_m \in R\} = Rv_1 + \cdots + Rv_m$$

となるときをいう。さらに $r_1 v_1 + \cdots + r_m v_m = 0$ から $r_1 = \cdots = r_m = 0$ が証明できるとき、$\{v_1, \cdots, v_m\}$ を M の基底と呼ぶ。つまり、R と同型な部分加群 $Rv_1, \cdots, Rv_m$ により $M = Rv_1 \oplus \cdots \oplus Rv_m$ となるとき $\{v_1, \cdots, v_m\}$ を M の基底と呼ぶ。R–加群が有限階数の自由加群であることと有限個の要素からなる基底をもつことは同値である。

例 3.12 R を環とする。R–加群 R^n は

$$e_1 = \begin{pmatrix} 1 \\ \vdots \\ 0 \end{pmatrix}, \quad \cdots, \quad e_n = \begin{pmatrix} 0 \\ \vdots \\ 1 \end{pmatrix}$$

を基底にもつ。この基底を標準基底と呼ぶ。

定義 3.14　R を環とする。R–加群が有限個の要素で生成されるとき有限生成 R–加群と呼ぶ。

例 3.13　$\mathbb{K}$ を体とする。このとき、$\mathbb{K}$–加群が有限生成であることと有限次元であることは同値であり、有限生成 $\mathbb{K}$–加群の部分 $\mathbb{K}$–加群は有限生成である。

註 3.11　有限生成 R–加群の R–部分加群が有限生成とは限らない。

3.5　加群の可換図式および自由加群の基底変換行列

定義 3.15　R を環、S, T, U, V を R–加群とする。R–加群準同型

$$f_1 : S \longrightarrow T, \qquad f_2 : T \longrightarrow V, \qquad g_1 : S \longrightarrow U, \qquad g_2 : U \longrightarrow V$$

が存在して $f_2 \circ f_1 = g_2 \circ g_1$ をみたすとき、

$$\begin{array}{ccc} S & \xrightarrow{f_1} & T \\ {\scriptstyle g_1}\downarrow & \circlearrowright & \downarrow{\scriptstyle f_2} \\ U & \xrightarrow{g_2} & V \end{array}$$

と表わし可換図式と呼ぶ。

補題 3.6　R を環とする。R–加群準同型 $f : M \to N$, $f' : M' \to N'$ に対して R–加群同型 $p : M \simeq M'$, $q : N \simeq N'$ が存在して可換図式

$$\begin{array}{ccc} M & \xrightarrow{f} & N \\ {\scriptstyle p}\downarrow & \circlearrowright & \downarrow{\scriptstyle q} \\ M' & \xrightarrow{f'} & N' \end{array}$$

が成り立つとき、$\mathrm{Cok}(f) = N/\operatorname{Im}(f)$, $\mathrm{Cok}(f') = N'/\operatorname{Im}(f')$ に対し R–加群同型 $\mathrm{Cok}(f) \simeq \mathrm{Cok}(f')$ が得られる。

証明　加群準同型 $F: N \to N'/\operatorname{Im}(f')$ を

$$x \mapsto q(x) + \operatorname{Im}(f')$$

で定める。$x' + \operatorname{Im}(f') \in \operatorname{Cok}(f')$ $(x' \in N')$ に対し $x = q^{-1}(x')$ とすれば $F(x) = x' + \operatorname{Im}(f')$ となるから F は全射であり、$q(x) \in \operatorname{Im}(f')$ ならば $q(x) = f' \circ p(v) = q \circ f(v)$ となる $v \in M$ が存在するから $x = f(v) \in \operatorname{Im}(f)$ である。逆に、$x \in \operatorname{Im}(f)$ なら $q(x) \in \operatorname{Im}(f')$ であるから $F(x) = 0$ である。ゆえに $\operatorname{Ker}(F) = \operatorname{Im}(f)$ であり、F は加群同型 $N/\operatorname{Im}(f) \simeq N'/\operatorname{Im}(f')$ を導く。□

定義 3.16　R を可換環とし、自由 R–加群 M が基底 $\{v_1, \cdots, v_n\}$ と基底 $\{w_1, \cdots, w_n\}$ をもつとする。基底が定める R–加群同型をそれぞれ

$$\varphi : R^n \simeq M, \qquad \psi : R^n \simeq M$$

とする。すなわち R^n の標準基底 $\{e_1, \cdots, e_n\}$ に対し

$$\varphi(e_i) = v_i \qquad (1 \leq i \leq n), \qquad \psi(e_i) = w_i \qquad (1 \leq i \leq n)$$

である。このとき $P \in \operatorname{Mat}(n, n, R)$ が存在して $\psi^{-1}\varphi(x) = Px$ となるから P を基底の変換行列と呼ぶ。具体的には、

$$v_j = \sum_{i=1}^{n} p_{ij} w_i \qquad (1 \leq i \leq n)$$

つまり $(v_1, \cdots, v_n) = (w_1, \cdots, w_n)P$ から $P = (p_{ij})_{1 \leq i,j \leq n}$ を決めればよい。可換図式で表わせば次の通り。

$$\begin{array}{ccc} R^n & \xrightarrow{x \mapsto Px} & R^n \\ \downarrow \varphi & \circlearrowright & \downarrow \psi \\ M & \xrightarrow{\mathrm{Id}} & M \end{array}$$

補題 3.7　$\{v_1, \cdots, v_n\} \subseteq \mathbb{Z}^n$ が基底になるための必要十分条件は $V = (v_1, \cdots, v_n)$ が $\det(V) = \pm 1$ をみたすことである。

証明　$\det(V) = \pm 1$ とする。$c_1 v_1 + \cdots + c_n v_n = 0$ ならば、$Vc = 0$ かつ

V が可逆行列だから、$c_1 = 0, \cdots, c_n = 0$ を得る。また、逆行列の公式より任意の $v \in \mathbb{Z}^n$ に対し

$$c = \begin{pmatrix} c_1 \\ \vdots \\ c_n \end{pmatrix} = V^{-1}v \in \mathbb{Z}^n$$

を用いて $v = c_1v_1 + \cdots + c_nv_n$ と書けるので $v_1, \cdots, v_n$ は $\mathbb{Z}^n$ を生成する。ゆえに $\{v_1, \cdots, v_n\} \subseteq \mathbb{Z}^n$ は基底である。

逆に $\{v_1, \cdots, v_n\} \subseteq \mathbb{Z}^n$ が基底なら、$e_1, \cdots, e_n$ をこの基底で表わすことにより $E = VU$ をみたす $U \in \mathrm{Mat}(n, n, \mathbb{Z})$ が得られる。$\det(V), \det(U) \in \mathbb{Z}$ だから $\det(V)\det(U) = 1$ より $\det(V) = \pm 1$ である。 □

章末問題

1 $\mathbb{Z}[x]$ を整数係数多項式の積と和が定める可換環とする。このとき $\mathbb{Z}[x]^2$ は成分ごとの和を加法とする加法群で作用写像 $\mathbb{Z}[x] \times \mathbb{Z}[x]^2 \to \mathbb{Z}[x]^2$ を

$$\left(f(x), \begin{pmatrix} f_1(x) \\ f_2(x) \end{pmatrix}\right) \mapsto \begin{pmatrix} f(x)f_1(x) \\ f(x)f_2(x) \end{pmatrix}$$

と定めることにより $\mathbb{Z}[x]$–加群になる。次の問に答えよ。

(i) $\mathrm{Hom}_{\mathbb{Z}[x]}(\mathbb{Z}[x]^2, \mathbb{Z}[x]^2)$ を $\mathrm{End}_{\mathbb{Z}[x]}(\mathbb{Z}[x]^2)$ と書くとき

$$\mathrm{End}_{\mathbb{Z}[x]}(\mathbb{Z}[x]^2) = \{v \in \mathbb{Z}[x]^2 \mapsto Av \in \mathbb{Z}[x]^2 \mid A \in \mathrm{Mat}(2, 2, \mathbb{Z}[x])\}$$

を示せ。

(ii) 作用写像の定める環準同型 $\mathbb{Z}[x] \to \mathrm{End}_{\mathbb{Z}[x]}(\mathbb{Z}[x]^2)$ を求めよ。

2 加法群 $\mathbb{Z}^2$ に対し作用写像 $\mathbb{Z}[x] \times \mathbb{Z}^2 \to \mathbb{Z}^2$ を

$$\left(f(x), \begin{pmatrix} f_1 \\ f_2 \end{pmatrix}\right) \mapsto \begin{pmatrix} f(3)f_1 \\ f(3)f_2 \end{pmatrix}$$

と定めることにより $\mathbb{Z}^2$ は $\mathbb{Z}[x]$–加群になる。次の問に答えよ。

(i) $\mathrm{End}_{\mathbb{Z}[x]}(\mathbb{Z}^2) = \mathrm{Hom}_{\mathbb{Z}[x]}(\mathbb{Z}^2, \mathbb{Z}^2)$ を求めよ。

(ii) 作用写像の定める環準同型 $\mathbb{Z}[x] \to \mathrm{End}_{\mathbb{Z}[x]}(\mathbb{Z}^2)$ を求めよ。

3 R, S を環、$\psi : R \to S$ を環準同型とする。S–加群 M に対し作用写像 $a : R \times M \to M$ を $(r, x) \mapsto \psi(r)x$ と定め M を S–加群かつ R–加群とする。このとき次が成り立つことを示せ。

(i) $\mathrm{End}_S(M) \subseteq \mathrm{End}_R(M)$ である。

(ii) ψ が全射ならば $\mathrm{End}_R(M) = \mathrm{End}_S(M)$ である。

4 次の $\mathbb{Z}$–加群の部分加群をすべて求めよ。

(i) $\mathbb{Z}/(2) \times \mathbb{Z}/(2) = \{(a \bmod 2, b \bmod 2) \mid a, b \in \mathbb{Z}\}$

(ii) $\mathbb{Z}/(4) = \{a \bmod 4 \mid a \in \mathbb{Z}\}$

5 $\mathbb{Z}/(10) = \{a \bmod 10 \mid a \in \mathbb{Z}\}$ とする。$V \subseteq \mathbb{Z}/(10)$ が部分加群ならば

$$g = \min\{n \in \mathbb{N} \mid n \bmod 10 \in V\}$$

を用いて $V = \{ag \bmod 10 \mid a \in \mathbb{Z}\}$ となることを示せ。また、$\mathbb{Z}/(10)$ の部分加群をすべて求めよ。

6 次の問に答えよ。

(i) $\mathbb{C}$–加群 $\mathbb{C}^2$ の $\mathbb{C}$–部分加群をすべて求めよ。

(ii) 下記の $A \in \mathrm{Mat}(2, 2, \mathbb{C})$ が定める $\mathbb{C}[x]$–加群を $V = \mathbb{C}^2$ とする。$\mathbb{C}[x]$–部分加群をすべて求めよ。

$$A = \begin{pmatrix} 2 & 1 \\ 0 & 2 \end{pmatrix}$$

(iii) 下記の $A \in \mathrm{Mat}(2, 2, \mathbb{C})$ が定める $\mathbb{C}[x]$–加群を $V = \mathbb{C}^2$ とする。$\mathbb{C}[x]$–部分加群をすべて求めよ。

$$A = \begin{pmatrix} 2 & 1 \\ 1 & 2 \end{pmatrix}$$

7 下記の $A \in \mathrm{Mat}(3, 3, \mathbb{C})$ が定める $\mathbb{C}[x]$–加群を $V = \mathbb{C}^3$ とする。$\mathbb{C}[x]$–部分加群をすべて求めよ。

$$A = \begin{pmatrix} 2 & -1 & 1 \\ 0 & 1 & 1 \\ -1 & 1 & 1 \end{pmatrix}$$

8 $\mathbb{F}_3 = \mathbb{Z}/(3)$ は体である。$V = \mathbb{F}_3^3$ を下記の $A \in \mathrm{Mat}(3, 3, \mathbb{F}_3)$ が定める $\mathbb{F}_3[x]$–加群とする。V の $\mathbb{F}_3[x]$–部分加群をすべて求めよ。

$$A = \begin{pmatrix} 1 & 1 & 1 \\ 1 & 1 & 1 \\ 1 & 1 & 1 \end{pmatrix}$$

9 下記の $\{v_1, v_2\}$ は $\mathbb{C}[x]$–加群 $\mathbb{C}[x]^2$ の基底である。

$$v_1 = \begin{pmatrix} x+1 \\ x \end{pmatrix}, \qquad v_2 = \begin{pmatrix} x \\ x-1 \end{pmatrix}$$

このとき、$\mathbb{C}[x]$–加群準同型 $f : \mathbb{C}[x]^2 \to \mathbb{C}[x]^2$

$$\begin{pmatrix} f_1(x) \\ f_2(x) \end{pmatrix} \mapsto \begin{pmatrix} x & -1 \\ 1 & x+1 \end{pmatrix} \begin{pmatrix} f_1(x) \\ f_2(x) \end{pmatrix}$$

に対し、基底 (v_1, v_2) に関する f の行列表示を求めよ。

10 体 $\mathbb{K}$ 上の線形写像 $f : \mathbb{K}^l \to \mathbb{K}^m$, $g : \mathbb{K}^m \to \mathbb{K}^n$ を

$$A \in \mathrm{Mat}(m, l, \mathbb{K}), \qquad B \in \mathrm{Mat}(n, m, \mathbb{K})$$

を用いて $f(x) = Ax$, $g(x) = Bx$ と定めるとき

$$0 \longrightarrow \mathbb{K}^l \xrightarrow{f} \mathbb{K}^m \xrightarrow{g} \mathbb{K}^n \longrightarrow 0$$

が $\mathbb{K}$–加群の短完全系列で、さらに $M \in \mathrm{Mat}(m, m, \mathbb{K})$ に対し $BMA = 0$、つまり M 倍写像が $\mathrm{Im}(f)$ を保つとする。次の問に答えよ。

(i) $N \in \mathrm{Mat}(n, n, \mathbb{K})$ が存在して $NB = BM$ となるが、N は一意的に定まることを示せ。

(ii) $L \in \mathrm{Mat}(l, l, \mathbb{K})$ が存在して $AL = MA$ になるが、L は一意的であることを示せ。

(iii) $\mathbb{K}^l$ を L の定める $\mathbb{K}[x]$–加群、$\mathbb{K}^m$ を M の定める $\mathbb{K}[x]$–加群、$\mathbb{K}^n$ を N の定める $\mathbb{K}[x]$–加群とする。次の可換図式が $\mathbb{K}[x]$–加群同型 $h : \mathbb{K}^n \simeq \mathbb{K}^m / \operatorname{Im}(f)$ を誘導することを示せ。

$$\begin{array}{ccccccccc} 0 & \longrightarrow & \mathbb{K}^l & \xrightarrow{f} & \mathbb{K}^m & \xrightarrow{g} & \mathbb{K}^n & \longrightarrow & 0 \\ & & \downarrow f & & \downarrow \mathrm{Id} & & \downarrow \exists h & & \\ 0 & \longrightarrow & \operatorname{Im}(f) & \hookrightarrow & \mathbb{K}^m & \longrightarrow & \mathbb{K}^m / \operatorname{Im}(f) & \longrightarrow & 0 \end{array}$$

11 $A \in \operatorname{Mat}(4, 2, \mathbb{Z})$, $B \in \operatorname{Mat}(2, 4, \mathbb{Z})$ を下記の行列とする。

$$A = \begin{pmatrix} -2 & -1 \\ 1 & 0 \\ 1 & 0 \\ 0 & 1 \end{pmatrix}, \qquad B = \begin{pmatrix} 1 & 2 & 0 & 1 \\ 0 & 1 & -1 & 0 \end{pmatrix}$$

(i) $f : \mathbb{Z}^2 \to \mathbb{Z}^4$, $g : \mathbb{Z}^4 \to \mathbb{Z}^2$ を $f(x) = Ax$, $g(x) = Bx$ と定めるとき、下記が短完全系列になることを示せ。

$$0 \longrightarrow \mathbb{Z}^2 \xrightarrow{f} \mathbb{Z}^4 \xrightarrow{g} \mathbb{Z}^2 \longrightarrow 0$$

(ii) $g \circ s = \mathrm{id}$ となる $\mathbb{Z}$–加群準同型 $s : \mathbb{Z}^2 \to \mathbb{Z}^4$ の存在を示せ。

12 R を環、L, M, N を R–加群、

$$0 \longrightarrow L \xrightarrow{f} M \xrightarrow{g} N \longrightarrow 0$$

を R–加群の短完全系列とする。次の問に答えよ。

(i) 次が同値であることを示せ。

(a) $g \circ s = \mathrm{id}_N$ をみたす R–加群準同型 $s : N \to M$ が存在する。
(b) $r \circ f = \mathrm{id}_L$ をみたす R–加群準同型 $r : M \to L$ が存在する。

この同値な条件をみたすとき、短完全系列を分裂短完全系列と呼ぶ。

(ii) 短完全系列が分裂するとき、R–加群同型 $M \simeq L \times N$ が存在することを示せ。

(iii) R を体とする。短完全系列はかならず分裂することを示せ。

13 環 R が体 $\mathbb{K}$ を含み、$cr = rc$ $(c \in \mathbb{K},\ r \in R)$ が成り立つと仮定する。L, M, N を $\mathbb{K}$ 上の線形空間とみたとき有限次元である R–加群、

$$0 \longrightarrow L \stackrel{f}{\longrightarrow} M \stackrel{g}{\longrightarrow} N \longrightarrow 0$$

を R–加群の短完全系列とする。次の問に答えよ。

(i) R–加群同型 $M \simeq L \times N$ が存在するとき $\mathbb{K}$–加群の短完全系列

$$0 \longrightarrow \mathrm{Hom}_R(N, L) \stackrel{g^*}{\longrightarrow} \mathrm{Hom}_R(M, L) \stackrel{f^*}{\longrightarrow} \mathrm{Hom}_R(L, L) \longrightarrow 0$$

が得られることを示せ。ただし、$g^*(\varphi) = \varphi \circ g$, $f^*(\varphi) = \varphi \circ f$ である。

(ii) 本問の設定のもとで、短完全系列 $0 \longrightarrow L \stackrel{f}{\longrightarrow} M \stackrel{g}{\longrightarrow} N \longrightarrow 0$ が分裂することと R–加群同型 $M \simeq L \times N$ が存在することが同値であることを示せ。

14 $\mathbb{F}_2[\mathbb{N}]$ を関数 $\mathbb{N} \to \mathbb{Z}/(2) = \mathbb{F}_2$ の全体のなす $\mathbb{Z}$–加群とし、$\mathbb{F}_2[\mathbb{N}]$ の要素を数列 $(c_n)_{n \in \mathbb{N}} = (c_1, c_2, \cdots)$ で表わす。

$$0 \longrightarrow \mathbb{Z} \stackrel{f}{\longrightarrow} \mathbb{Z} \times \mathbb{F}_2[\mathbb{N}] \stackrel{g}{\longrightarrow} \mathbb{F}_2[\mathbb{N}] \longrightarrow 0$$

が分裂しない $\mathbb{Z}$–加群の短完全系列になることを示せ。ただし、$f(x) -$ $(2x, 0, 0, \cdots)$, $g(x, c_1, c_2, \cdots) = (x + 2\mathbb{Z}, c_1, c_2, \cdots)$ である。

15 L', M', N' を有限加法群、$L = \mathbb{Z}^l \times L'$, $M = \mathbb{Z}^m \times M'$, $N = \mathbb{Z}^n \times N'$、

$$0 \longrightarrow L \stackrel{f}{\longrightarrow} M \stackrel{g}{\longrightarrow} N \longrightarrow 0$$

が $\mathbb{Z}$–加群の短完全系列とする。次の問に答えよ。

(i) 加群同型 $M \simeq L \times N$ が存在するとき、短完全系列

$$0 \longrightarrow L' \xrightarrow{f} M' \xrightarrow{g} N' \longrightarrow 0$$

$$0 \longrightarrow L/L' \xrightarrow{f} M/M' \xrightarrow{g} N/N' \longrightarrow 0$$

が得られることを示せ。

(ii) 加群同型 $M \simeq L \times N$ が存在するとき、短完全系列

$$0 \longrightarrow \mathrm{Hom}_{\mathbb{Z}}(N', L') \xrightarrow{g^*} \mathrm{Hom}_{\mathbb{Z}}(M', L') \xrightarrow{f^*} \mathrm{Hom}_{\mathbb{Z}}(L', L') \longrightarrow 0$$

が得られることを示せ。

(iii) 加群同型 $M \simeq L \times N$ が存在するとき、短完全系列

$$0 \longrightarrow L/L' \xrightarrow{f} M/M' \xrightarrow{g} N/N' \longrightarrow 0$$

が分裂することを示せ。

(iv) 本問の設定のもとで、短完全系列 $0 \longrightarrow L \xrightarrow{f} M \xrightarrow{g} N \longrightarrow 0$ が分裂するための必要十分条件は $\mathbb{Z}$–加群同型 $M \simeq L \times N$ が存在することであることを示せ。

註 3.12　一般の加群の場合、$\mathbb{Z}$–加群同型 $M \simeq L \times N$ が存在しても短完全系列 $0 \longrightarrow L \xrightarrow{f} M \xrightarrow{g} N \longrightarrow 0$ が分裂するとは限らず、**14** が反例を与えている。

第4章 有理整数環

4.1 最大公約数と拡張ユークリッド互除法

中学・高校と整数にはなじんでいると思うが、整数の性質についてきちんとした証明には触れていないと思われるので、整数について復習しておく。

定義 4.1 $a, b \in \mathbb{Z}$ かつ $b \neq 0$ とする。b が a の約数である、あるいは a が b の倍数であるとは、ある $c \in \mathbb{Z}$ に対し $a = bc$ となるときをいい、$b|a$ と書く。

註 4.1 任意の $0 \neq b \in \mathbb{Z}$ に対し 0 は b の倍数であり、言い換えれば b は 0 の約数である。また、$0 \neq a \in \mathbb{Z}, 0 \neq b \in \mathbb{Z}$ に対し $0 \neq ab \in \mathbb{Z}$ である。

素数は次のように定義される。既約多項式の定義と比較すれば、中学・高校で学んだ素数の定義は既約数とでも呼ぶべき定義であるが、既約数であることと素数であることの同値性は補題 4.4 で示す。

定義 4.2 2 以上の自然数 p が素数とは、任意の $a, b \in \mathbb{Z}$ に対し $p|ab$ ならば $p|a$ または $p|b$ となるときをいう。

註 4.2 整数 p に対し $(p) = \{np \mid n \in \mathbb{Z}\}$ は有理整数環 $\mathbb{Z}$ のイデアルであった。素数の定義は $a, b \in \mathbb{Z}$ が $ab \in (p)$ をみたすならば $a \in (p)$ または $b \in (p)$ であるから、この定義を一般化すると可換環の素イデアルが定義できる。すなわち、R を可換環、$I \subseteq R$ をイデアルとするとき、$I \neq R$ であって、

$a, b \in R$ が $ab \in I$ をみたすのは $a \in I$ または $b \in I$ となるときに限るならば、I を素イデアルと呼ぶ。将来代数的整数論や代数幾何を学ぶと、類数や次元の定義を通じて可換環の素イデアルが不可欠の概念であることに気づくが、より本格的な代数学の講義で素イデアルに関する基礎事項を学んだあとでの話題であるから、ここでは定義にだけ触れておく。

次の事実が重要である。証明には整数の絶対値と自然数の全順序が使われる。

補題 4.1　$(a, b) \in \mathbb{N} \times \mathbb{N}$ ならば、$a = qb + r$ かつ $0 \leq r \leq b - 1$ となる $(0, 0) \neq (q, r) \in \mathbb{Z}_{\geq 0} \times \mathbb{Z}_{\geq 0}$ がただひとつ存在する。

証明　a は 1 を a 個足したものだから、$a \geq b$ のとき 1 を b 個減らす操作を繰り返すことで有限回の操作ののち $0 \leq a \leq b - 1$ をみたすようにできる。この最後の結果を r とし、操作回数を q とすれば条件をみたす。次に一意性を示す。

$$a = qb + r = q'b + r' \qquad (0 \leq r, r' \leq b - 1)$$

とすると $r - r' = (q' - q)b$ より

$$1 - b \leq (q' - q)b \leq b - 1$$

となるから、$q' \neq q$ ならば

$$b \leq |q' - q|b \leq |b - 1| = b - 1$$

となり矛盾する。ゆえに $q' = q$ であり、$r - r' = (q' - q)b = 0$ より $r' = r$ である。　□

系 4.1　$a, b \in \mathbb{Z}$ かつ $b \neq 0$ ならば、$a = qb + r$ かつ $0 \leq r \leq |b| - 1$ をみたす $(q, r) \in \mathbb{Z} \times \mathbb{Z}_{\geq 0}$ がただひとつ存在する。q を商、r を余りと呼ぶ。

問 4.1　系 4.1 を証明せよ。

問 4.2　$a, b \in \mathbb{Z}$ かつ $b \neq 0$ のとき、商と余りを q, r とする。すなわち、$a = qb + r$ かつ $0 \leq r \leq |b| - 1$ とする。$b|a$ と $r = 0$ が同値であることを示せ。

補題 4.2 $0 \neq a \in \mathbb{Z}$ に対し a の約数は有限個である。

証明 $b|a$ である必要十分条件は b が $|a|$ の約数であることだから $a \in \mathbb{N}$ として一般性を失わない。$b > a$ ならば $a = qb + r$ において $q = 0,\ r = a \neq 0$ となるので、a の約数の集合は有限集合 $\{\pm 1, \pm 2, \cdots, \pm a\}$ に含まれる。 □

註 4.3 0 の約数のなす集合は $\mathbb{Z} \setminus \{0\}$ である。

定義 4.3 0 でない整数を含む集合 $\{a_1, \cdots, a_m\} \subseteq \mathbb{Z}$ に対し

$$\{g \in \mathbb{N} \mid g|a_1,\ \cdots,\ g|a_m\}$$

の元で自然数の全順序に関して最大のものを最大公約数と呼び、$\gcd(a_1, \cdots, a_m)$ と表わす。

補題 4.3 0 でない整数を含む集合 $\{a_1, \cdots, a_m\} \subseteq \mathbb{Z}$ に対し次が成立する。

(i) $\gcd(a_1, \cdots, a_m) = \gcd(|a_1|, \cdots, |a_m|)$,

(ii) $a_i = 0$ ならば $\gcd(|a_1|, \cdots, |a_m|) = \gcd(|a_1|, \cdots, \widehat{|a_i|}, \cdots, |a_m|)$,

(iii) $\gcd(|a_1|, \cdots, |a_m|) = \gcd(\gcd(|a_1|, \cdots, |a_{m-1}|), |a_m|)$.

ゆえに最大公約数の計算は自然数 $a, b \in \mathbb{N}$ に対する $\gcd(a, b)$ の計算に帰着される。次のアルゴリズムを拡張ユークリッド互除法と呼び、行列の積の成分 x, y, z, w, u, v を変化させていく。以下 $a > b$ と仮定する。

$$\begin{pmatrix} x & y \\ z & w \end{pmatrix} \begin{pmatrix} a \\ b \end{pmatrix} = \begin{pmatrix} u \\ v \end{pmatrix} \qquad (xw - yz = \pm 1,\ u > v \geq 0)$$

(1) x, y, z, w, u, v を次のように初期化する。

$$\begin{pmatrix} 1 & 0 \\ 0 & 1 \end{pmatrix} \begin{pmatrix} a \\ b \end{pmatrix} = \begin{pmatrix} a \\ b \end{pmatrix}$$

(2) $v = 0$ なら次を出力して終了する。

$$\gcd(a,b)=u, \qquad xa+yb=\gcd(a,b)$$

(3) $v>0$ なら $u=qv+r$ $(0\le r\le v-1)$ となる $(q,r)\in\mathbb{N}\times\mathbb{Z}_{\ge 0}$ を求め、

$$\begin{pmatrix} z & w \\ x-qz & y-qw \end{pmatrix}\begin{pmatrix} a \\ b \end{pmatrix}=\begin{pmatrix} v \\ r \end{pmatrix} \qquad (v>r\ge 0)$$

と更新（第 2 行の q 倍を第 1 行から引いてから第 1 行と第 2 行を交換）して (2) に戻る。

註 4.4　$v=0$ とする。$xa+yb=u$ より $g\in\mathbb{N}$ に対し $g|a$ かつ $g|b$ ならば $g|u$ となり、とくに $g\le u$ である。他方、

$$\begin{pmatrix} a \\ b \end{pmatrix}=\pm\begin{pmatrix} w & -y \\ -z & x \end{pmatrix}\begin{pmatrix} u \\ 0 \end{pmatrix}=\pm\begin{pmatrix} wu \\ -zu \end{pmatrix}$$

より $u|a$ かつ $u|b$ である。ゆえに $v=0$ ならば u が最大公約数 $\gcd(a,b)$ になる。

補題 4.4　$p\in\mathbb{N}$ に対し次が成立する。

(1) $2\le p\in\mathbb{N}$ が素数ならば p の正の約数は 1 と p に限る。

(2) $2\le p\in\mathbb{N}$ の正の約数が 1 と p に限るならば p は素数である。

証明　(1) $p=lm$ $(2\le l,m\le p-1)$ とすると $p|l$ または $p|m$ である。$p|l$ のとき $l=pq$ $(q\in\mathbb{Z})$ と書くと、$p=pqm$ つまり $qm=1$ だから $m=\pm 1$ となる。$p|m$ のときも同様の議論で $l=\pm 1$ を得る。

(2) $a,b\in\mathbb{Z}$ に対し $p|ab$ とする。a と p に対し拡張ユークリッド互除法を行うと、$d=\gcd(a,p)$ に対し $ax+py=d$ をみたす $x,y\in\mathbb{Z}$ が求まる。d は p の約数だから、仮定より $d=p$ または $d=1$ である。前者の場合、$d|a$ より a が p で割り切れる。後者の場合、$ax+py=1$ となるから、$b=abx+pyb$ は p で割り切れる。　□

註 4.5　$\mathbb{Z}$ を有理整数環と呼ぶ。可換環論の本格的な講義が始まると一意分解整域の理論を学ぶ。そして、有理整数環が一意分解整域であるためには

ユークリッド互除法の存在が本質的であることを学ぶ。補題 4.4 (2) の証明にユークリッド互除法を使っていることに注目してほしい。

4.2 整数の素因数分解の存在と一意性

補題 4.5 任意の自然数は素因数分解をもつ。すなわち高校までの定義の意味での素数の積の形に書ける。

証明 素因数分解をもたない自然数 n が存在すると仮定すると高校までの定義の意味での素数ではないから $n = lm$ $(2 \leq l, m < n)$ と書ける。l, m が素因数分解をもつとすると n も素因数分解をもち仮定に反するから、l, m のどちらかは素因数分解をもたない。以下同じ議論を繰り返すことにより素因数分解をもたない自然数の減少列が無限に続くことになるがこれは不可能である。□

命題 4.1 有理整数環 $\mathbb{Z}$ では素因数分解の一意性が成り立つ。

証明 n を自然数とし、$n = p_1 \cdots p_r = q_1 \cdots q_s$ を素因数分解とする。p_1 は n を割り切るから p_1 が q_1 を割り切るかまたは p_1 が $q_2 \cdots q_s$ を割り切る。前者の場合、$p_1 = q_1$ である。後者の場合は、p_1 が q_2 を割り切り $p_1 = q_2$ となるかまたは p_1 が $q_3 \cdots q_s$ を割り切る。以下同様にして、p_1 が $q_1, \cdots, q_s$ のどれかに等しいことが導かれる。そこで両辺を p_1 で割り、同様の議論を繰り返せばよい。□

註 4.6 高校までの素数の定義では命題 4.1 の証明が破綻し、補題 4.4 が必要である。比較例として $\mathbb{Z}[\sqrt{-5}] = \{a + b\sqrt{-5} \mid a, b \in \mathbb{Z}\}$ がよく使われる。

4.3 整数成分行列の標準形（Smith 標準形）

位相幾何学を学ぶと、$g \circ f = 0$ をみたす加群準同型

$$\mathbb{Z}^l \xrightarrow{f} \mathbb{Z}^m \xrightarrow{g} \mathbb{Z}^n$$

に対し $\mathrm{Ker}(g)/\mathrm{Im}(f)$ を計算する必要に迫られる。ここで、整数成分行列

$$A \in \mathrm{Mat}(m, l, \mathbb{Z}), \qquad B \in \mathrm{Mat}(n, m, \mathbb{Z})$$

がただひとつ存在して $f(x) = Ax,\ g(x) = Bx$ となるから、この計算に必要なのは有理整数環上の線形代数である。

定義 4.4　有理整数環上の線形代数の場合、次の行列を基本行列と呼ぶ。ただし、E は単位行列で E_{ij} は行列単位である。

(1) $1 \leq i < j \leq n$ に対し、

$$P(i, j) = E - E_{ii} - E_{jj} + E_{ij} + E_{ji} \in \mathrm{Mat}(n, n, \mathbb{Z}),$$

(2) $1 \leq i \leq n$ に対し、$P(i) = E - 2E_{ii} \in \mathrm{Mat}(n, n, \mathbb{Z})$,

(3) $1 \leq i \neq j \leq n$ と $c \in \mathbb{Z}$ に対し、$P(i, j; c) = E + cE_{ij} \in \mathrm{Mat}(n, n, \mathbb{Z})$.

線形代数で学んだように、$A \in \mathrm{Mat}(m, n, \mathbb{Z})$ に対し次が成り立つ。

(r1) $P(i, j)A$ は A の第 i 行と第 j 行を交換した行列である。

(r2) $P(i)A$ は A の第 i 行を -1 倍した行列である。

(r3) $P(i, j; c)A$ は A の第 i 行に第 j 行の c 倍を足した行列である。

(c1) $AP(i, j)$ は A の第 i 列と第 j 列を交換した行列である。

(c2) $AP(i)$ は A の第 i 列を -1 倍した行列である。

(c3) $AP(i, j; c)$ は A の第 j 列に第 i 列の c 倍を足した行列である。

命題 4.2　$A \in \mathrm{Mat}(m, n, \mathbb{Z})$ に対し、$\det(P) = \pm 1,\ \det(Q) = \pm 1$ である行列 $P \in \mathrm{Mat}(m, m, \mathbb{Z})$, $Q \in \mathrm{Mat}(n, n, \mathbb{Z})$ と自然数 $f_1, \cdots, f_r$ が存在して次が成り立つ。ただし、$r = \mathrm{rank}(A)$ である。

$$PAQ = \begin{pmatrix} R & O \\ O & O \end{pmatrix}, \qquad R = \begin{pmatrix} f_1 & 0 & \cdots & 0 \\ 0 & f_2 & \ddots & \vdots \\ \vdots & \ddots & \ddots & 0 \\ 0 & \cdots & 0 & f_r \end{pmatrix}$$

証明　A を目標の形に変形していくアルゴリズムを与える。

(1) $A = O$ なら終了。

(2) A の非零成分の中で絶対値最小のものをひとつ選ぶ。この成分が $a_{ij} > 0$ のとき A を $P(1,i)AP(1,j)$ に更新し、$a_{ij} < 0$ のときは $P(1)P(1,i)AP(1,j)$ に更新し、$a_{11} > 0$ を A の非零成分の中で絶対値最小の成分にする。

(3) $2 \leq i \leq m$ に対し、A の第 1 列の成分 a_{i1} を

$$a_{i1} = q_{i1}a_{11} + r_{i1} \qquad (q_{i1} \in \mathbb{Z},\ 0 \leq r_{i1} \leq a_{11} - 1)$$

と書き、次に第 i 行から第 1 行の q_{i1} 倍を引く行基本変形を実行して A を更新し、$a_{i1} = r_{i1}$ $(2 \leq i \leq m)$ とする。$r_{i1} \neq 0$ が存在すればその中で最小のものを取り、A を $P(1,i)A$ に更新して (3) を繰り返す。

(4) $2 \leq j \leq n$ に対し、A の第 1 行の成分 a_{1j} を

$$a_{1j} = q_{1j}a_{11} + r_{1j} \qquad (q_{1j} \in \mathbb{Z},\ 0 \leq r_{1j} \leq a_{11} - 1)$$

と書き、第 j 列から第 1 列の q_{1j} 倍を引く列基本変形を実行して A を更新し、$a_{1j} = r_{1j}$ $(2 \leq j \leq n)$ とする。$r_{1j} \neq 0$ が存在すればその中で最小のものを取り、A を $AP(1,j)$ に更新して (3) に戻る。

(5) この時点で $a_{11} > 0$, $a_{i1} = 0$ $(2 \leq i \leq m)$, $a_{1j} = 0$ $(2 \leq j \leq n)$ であるから、A から第 1 行と第 1 列を削ったものを A として (1) に戻る。

(2) から (4) では毎回の手続きで自然数 a_{11} が真に減少するから、かならず有限回の手続きののち (5) に移る。ゆえに A を求める形に変形できる。 □

体係数行列の階数標準形にあたるのが次の Smith 標準形である。

定理 4.1 命題 5.1 において $f_i | f_{i+1}$ $(1 \leq i \leq r-1)$ とできる。このとき、自然数 $f_1 \leq \cdots \leq f_r$ は A からただひと通りに定まり、A の単因子と呼ぶ。

証明 (5) を次のように変更すればよい。

(5) $2 \leq i \leq m$, $2 \leq j \leq n$ に対し

$$a_{ij} = q_{ij}a_{11} + r_{ij} \qquad (q_{ij} \in \mathbb{Z},\ 0 \leq r_{ij} \leq a_{11} - 1)$$

と書き、$r_{ij} \neq 0$ が存在すればその中で最小のものを取り、

(i) A の第 1 行を第 i 行に足す行基本変形を実行して A を更新し、

(ii) 第 j 列から第 1 列の q_{ij} 倍を引く列基本変形を実行して A を更新する。

としたのち (2) に戻る。

(6) A から第 1 行と第 1 列を削ったものを A として (1) に戻る。

次に、Smith 標準形の一意性を示すため A の k 次小行列式全体の最大公約数を

$$d_k = \gcd\left\{ \begin{vmatrix} a_{i_1 j_1} & \cdots & a_{i_1 j_k} \\ \vdots & \ddots & \vdots \\ a_{i_k j_1} & \cdots & a_{i_k j_k} \end{vmatrix} \;\middle|\; \begin{matrix} 1 \leq i_1 < \cdots < i_k \leq m, \\ 1 \leq j_1 < \cdots < j_k \leq n \end{matrix} \right\}$$

とする。このとき、d_k は行基本変形と列基本変形で不変である。とくに $d_k = f_1 \cdots f_k$ を得るから、$f_1, \cdots, f_r$ は A のみから定まる。 □

註 4.7　$P \in \mathrm{Mat}(m, m, \mathbb{Z})$, $Q \in \mathrm{Mat}(n, n, \mathbb{Z})$ を求めるには、次のように拡大行列に対して行基本変形と列基本変形を実行すればよい。

$$\begin{pmatrix} E & A \\ O & E \end{pmatrix} \Longrightarrow \begin{pmatrix} P & PAQ \\ O & Q \end{pmatrix}$$

4.4　中国剰余定理

次の定理を中国剰余定理と呼ぶ。

定理 4.2　$0 \neq n \in \mathbb{Z}$ が $n = lm$ $(l, m \in \mathbb{Z},\ \gcd(l, m) = 1)$ と書けるならば加群同型 $\mathbb{Z}/(n) \simeq \mathbb{Z}/(l) \times \mathbb{Z}/(m)$ が成り立つ。

証明　$f : \mathbb{Z}/(n) \to \mathbb{Z}/(l) \times \mathbb{Z}/(m)$ が $a + (n) \mapsto (a + (l), a + (m))$ と定義できて加群準同型である。$a \in \mathrm{Ker}(f)$ は l, m 両方の倍数だから、$a = lu = mv$ $(u, v \in \mathbb{Z})$ と書ける。$a \neq 0$ のとき素因数分解の一意性を用いると a が $lm = n$ で割り切れることがわかるから f は単射である。両辺の個数を較べて f が全射になることもわかる。 □

註 4.8　定理 4.2 の証明において、$f : \mathbb{Z}/(n) \to \mathbb{Z}/(l) \times \mathbb{Z}/(m)$ の全射性は、拡張ユークリッド互除法により $lx + my = 1$ をみたす $x, y \in \mathbb{Z}$ を求め、$(u, v) \in \mathbb{Z}^2$ に対して $a = umy + vlx$ と置くと

$$a + (l) = u + (l), \qquad a + (m) = v + (m)$$

となることからも示される。

4.5　有理整数環上の自由加群の準同型と部分加群・商加群の計算

命題 4.3　加群準同型 $f : \mathbb{Z}^n \to \mathbb{Z}^m$ が $A \in \mathrm{Mat}(m, n, \mathbb{Z})$ により $f(x) = Ax$ $(x \in \mathbb{Z}^n)$ と与えられているとする。このとき、

$$PAQ = \begin{pmatrix} R & O \\ O & O \end{pmatrix}, \qquad R = \begin{pmatrix} f_1 & 0 & \cdots & 0 \\ 0 & f_2 & \ddots & \vdots \\ \vdots & \ddots & \ddots & 0 \\ 0 & \cdots & 0 & f_r \end{pmatrix}$$

となるように $\det(P) = \pm 1,\ \det(Q) = \pm 1$ をみたす

$$P \in \mathrm{Mat}(m, m, \mathbb{Z}), \qquad Q \in \mathrm{Mat}(n, n, \mathbb{Z})$$

と自然数 $f_1, \cdots, f_r$ を取れば次が成立する。

(1) $e_1, \cdots, e_m$ が $\mathbb{Z}^m$ の標準基底のとき、$\mathrm{Im}(f)$ は $f_1 P^{-1} e_1, \cdots, f_r P^{-1} e_r$ を基底にもつ自由 $\mathbb{Z}$–加群である。

(2) 他方、$e_1, \cdots, e_n$ を $\mathbb{Z}^n$ の標準基底とすると、$\mathrm{Ker}(f)$ は $Qe_{r+1}, \cdots, Qe_n$ を基底にもつ自由 $\mathbb{Z}$–加群である。

(3) $\mathrm{Cok}(f) = \mathbb{Z}^m / \mathrm{Im}(f)$ に対し次の加群同型が成り立つ。

$$\mathrm{Cok}(f) \simeq \mathbb{Z}/(f_1) \times \cdots \times \mathbb{Z}/(f_r) \times \mathbb{Z}^{m-r}$$

証明　(1), (2) $Ax = P^{-1}(PAQ)Q^{-1}x$ だから $y = Q^{-1}x$ に対し $z = PAQy$ と置くと $Ax = P^{-1}z,\ z = y_1 f_1 e_1 + \cdots + y_r f_r e_r$ である。$Q \in \mathrm{Mat}(n, n, \mathbb{Z})$ と $\det(Q) = \pm 1$ より $x \mapsto Q^{-1}x$ $(x \in \mathbb{Z}^n)$ は加群同型 $\mathbb{Z}^n \simeq \mathbb{Z}^n$

を与えるから

$$\begin{aligned}\mathrm{Im}(f) &= \{P^{-1}z \in \mathbb{Z}^m \mid z = PAQy,\ y \in \mathbb{Z}^n\} \\ &= \mathbb{Z}f_1P^{-1}e_1 + \cdots + \mathbb{Z}f_rP^{-1}e_r\end{aligned}$$

となり、$f_1P^{-1}e_1, \cdots, f_rP^{-1}e_r$ は $\mathrm{Im}(f)$ を生成する。さらに

$$c_1f_1P^{-1}e_1 + \cdots + c_rf_rP^{-1}e_r = 0 \qquad (c_1, \cdots, c_r \in \mathbb{Z})$$

ならば $c_1f_1e_1 + \cdots + c_rf_re_r = 0$ だから、

$$c_1f_1 = 0, \quad \cdots, \quad c_rf_r = 0, \qquad f_1 \neq 0, \quad \cdots, \quad f_r \neq 0$$

より $c_1 = 0, \cdots, c_r = 0$ となり、

$$\mathrm{Im}(f) = \mathbb{Z}f_1P^{-1}e_1 \oplus \cdots \oplus \mathbb{Z}f_rP^{-1}e_r$$

である。他方、

$$\begin{aligned}\mathrm{Ker}(f) &= \{Qy \in \mathbb{Z}^n \mid PAQy = 0,\ y \in \mathbb{Z}^n\} \\ &= \{Qy \in \mathbb{Z}^n \mid y_1 = \cdots = y_r = 0,\ y \in \mathbb{Z}^n\} \\ &= \mathbb{Z}Qe_{r+1} + \cdots + \mathbb{Z}Qe_n\end{aligned}$$

かつ $c_1Qe_{r+1} + \cdots + c_{n-r}Qe_n = 0$ $(c_1, \cdots, c_{n-r} \in \mathbb{Z})$ ならば

$$c_1e_{r+1} + \cdots + c_{n-r}e_n = 0 \ \ (c_1, \cdots, c_{n-r} \in \mathbb{Z})$$

より $c_1 = 0, \cdots, c_{n-r} = 0$ だから

$$\mathrm{Ker}(f) = \mathbb{Z}Qe_{r+1} \oplus \cdots \oplus \mathbb{Z}Qe_n$$

も成り立つ。

(3) 加群同型 $p : \mathbb{Z}^n \simeq \mathbb{Z}^n$, $q : \mathbb{Z}^m \simeq \mathbb{Z}^m$ を $p(x) = Q^{-1}x$, $q(x) = Px$ と定めれば、$f(x) = Ax$ $(x \in \mathbb{Z}^n)$, $f'(x) = PAQx$ $(x \in \mathbb{Z}^n)$ に対して可換図式

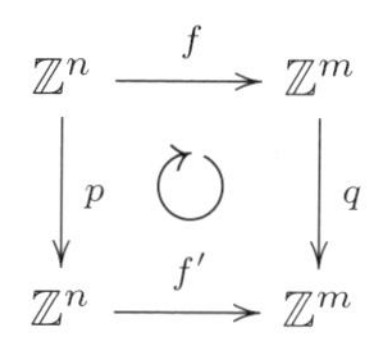

が成り立つ。ゆえに補題 3.6 と例 3.11 より

$$\mathrm{Cok}(f) \simeq \mathrm{Cok}(f') \simeq \mathbb{Z}/(f_1) \times \cdots \times \mathbb{Z}/(f_r) \times \mathbb{Z}^{m-r}$$

である。 □

4.3 節冒頭の設定、すなわち加群準同型 $f : \mathbb{Z}^l \to \mathbb{Z}^m$, $g : \mathbb{Z}^m \to \mathbb{Z}^n$ が

$$A \in \mathrm{Mat}(m, l, \mathbb{Z}), \qquad B \in \mathrm{Mat}(n, m, \mathbb{Z})$$

を用いて $f(x) = Ax$, $g(x) = Bx$ と与えられていて $g \circ f = 0$ をみたすとき、$\mathbb{Z}$–加群 $\mathrm{Ker}(g)/\mathrm{Im}(f)$ を次のように計算できる。

(i) 自由 $\mathbb{Z}$–加群 $\mathrm{Ker}(g)$ の基底 $\{u_1, \cdots, u_r\}$ $(r = m - \mathrm{rank}(B))$ を求め $U = (u_1, \cdots, u_r) \in \mathrm{Mat}(m, r, \mathbb{Z})$ とする。

(ii) A の第 i 列を $a_i \in \mathbb{Z}^m$ と書くとき、$\mathrm{Im}(A) \subseteq \mathrm{Ker}(B)$ より $Ux = a_i$ はただひとつの整数解をもつからこの解を $v_i \in \mathbb{Z}^r$ $(1 \leq i \leq l)$ とする。

(iii) $V = (v_1, \cdots, v_l) \in \mathrm{Mat}(r, l, \mathbb{Z})$ の単因子を求め $f_1, \cdots, f_s$ とすれば

$$\mathrm{Ker}(g)/\mathrm{Im}(f) \simeq \mathbb{Z}^r/\mathrm{Im}(V) \simeq \mathbb{Z}/(f_1) \times \cdots \times \mathbb{Z}/(f_s) \times \mathbb{Z}^{r-s}$$

である。

章末問題

1 素数 p に対し可換環 $\mathbb{Z}/(p)$ を考える。$a \in \mathbb{Z}$ が $a \not\equiv 0 \bmod p$ のとき、ユークリッド互除法を用いて $ab + pq = 1$ をみたす $b, q \in \mathbb{Z}$ を求めれば $ab \equiv 1 \bmod p$ である。このとき

$$(a \bmod p)^{-1} = b \bmod p$$

と定義すれば $\mathbb{Z}/(p)$ が体になる。この体を $\mathbb{F}_p$ と書き、標数 p の素体と呼ぶ。$p = 13$ のとき $(5 \bmod 13)^{-1}$ を求めよ。

2 $x^2 + 1 \in \mathbb{F}_5[x]$ を 1 次式の積に因数分解せよ。また、$x^2 + 1 \in \mathbb{F}_3[x]$ が 1 次式の積に因数分解できないことを示せ。

3 次の整数行列 $A \in \mathrm{Mat}(3, 4, \mathbb{Z})$ の Smith 標準形を求めよ。

$$A = \begin{pmatrix} 1 & 5 & 0 & 3 \\ 3 & 3 & 8 & 5 \\ -1 & 7 & 4 & 13 \end{pmatrix}$$

4 p を素数とする。$x, y \in \mathbb{F}_p$ に対し $(x + y)^p = x^p + y^p$ が成り立つことを示せ。また、この公式を用いて $x = 0, 1, \cdots, p - 1 \bmod p$ に対して $x^p = x$ が成り立つことを示せ。

5 $A_0 \in \mathrm{Mat}(6, 4, \mathbb{Z})$, $A_1 \in \mathrm{Mat}(4, 6, \mathbb{Z})$ を

$$A_0 = \begin{pmatrix} 1 & -1 & 0 & 0 \\ -1 & 0 & 1 & 0 \\ 0 & 1 & -1 & 0 \\ 1 & 0 & 0 & -1 \\ 0 & 1 & 0 & -1 \\ 0 & 0 & 1 & -1 \end{pmatrix}, \qquad A_1 = \begin{pmatrix} -1 & -1 & -1 & 0 & 0 & 0 \\ 1 & 0 & 0 & -1 & 1 & 0 \\ 0 & 1 & 0 & 1 & 0 & -1 \\ 0 & 0 & 1 & 0 & -1 & 1 \end{pmatrix}$$

で定め、$i \neq 0, 1$ に対して $A_i = 0$ と置く。また、$\mathbb{Z}$–加群 C^i $(i \in \mathbb{Z})$ を

$$C^0 = \mathbb{Z}^4,\ C^1 = \mathbb{Z}^6,\ C^2 = \mathbb{Z}^4,\ C^i = 0 \qquad (i \neq 0, 1, 2)$$

で定め、$\mathbb{Z}$–加群準同型 $d_i : C^i \to C^{i+1}$ を $d_i(x) = A_i x$ で与える。このとき次の問に答えよ。

(i) $d_i \circ d_{i-1} = 0$ $(i \in \mathbb{Z})$ を示せ。

(ii) $\mathbb{Z}$–加群 $H^i(C^\bullet) = \mathrm{Ker}(d_i)/\mathrm{Im}(d_{i-1})$ を求めよ。

6 下記の行列 $A \in \mathrm{Mat}(4, 3, \mathbb{Z})$, $B \in \mathrm{Mat}(2, 4, \mathbb{Z})$ を用いて $f\colon\ \mathbb{Z}^3 \to \mathbb{Z}^4$, $g\colon\ \mathbb{Z}^4 \to \mathbb{Z}^2$ を $f(x) = Ax$, $g(x) = Bx$ と定める。$\mathrm{Im}(f) \subseteq \mathrm{Ker}(g)$ を示し、$\mathrm{Ker}(g)/\mathrm{Im}(f)$ を求めよ。

$$A = \begin{pmatrix} 1 & -1 & 1 \\ 1 & 1 & 1 \\ 1 & 1 & -1 \\ 1 & -1 & -1 \end{pmatrix}, \qquad B = \begin{pmatrix} -1 & 1 & -1 & 1 \\ 1 & -1 & 1 & -1 \end{pmatrix}$$

7 $\mathbb{Z}$ を有理整数環とする。次の問に答えよ。

(i) $I \subseteq \mathbb{Z}$ をイデアルとする。$d = \min\{n \in \mathbb{N} \mid n \in I\}$ に対し $I = (d)$ になることを示せ。

(ii) $a, b \in \mathbb{Z}$ に対し、

$$(a) + (b) = \{l + m \in \mathbb{Z} \mid l \in (a),\ m \in (b)\}$$

がイデアル $(\gcd(a,b))$ に等しいことを示せ。

註 4.9　本問より $a,b \in \mathbb{Z}$ に対し $xa+yb=\gcd(a,b)$ をみたす整数 x,y の存在がわかる。つまり、整数 x,y の存在を示すだけならば拡張ユークリッド互除法は必要ない。

第5章 一変数多項式環上の加群の計算理論

5.1 一変数多項式環のユークリッド互除法

体 $\mathbb{K}$ 上の一変数多項式環 $\mathbb{K}[x]$ に対しても今まで説明してきた有理整数環の性質と同じ性質が成り立つ。まず一変数多項式環について復習しよう。

定義 5.1 $f, g \in \mathbb{K}[x]$ かつ $g \neq 0$ とする。g が f の約数である、または f が g の倍数であるとは、ある $h \in \mathbb{K}[x]$ に対し $f = gh$ となるときをいい、$g|f$ と書く。また、$0 \in \mathbb{K}$ の次数を $\deg(0) = -\infty$ とする。

補題 5.1 $f, g \in \mathbb{K}[x]$, $f \neq 0$, $g \neq 0$ とする。このとき、

$$f = qg + r \qquad (\deg(r) < \deg(g))$$

をみたす $(0,0) \neq (q,r) \in \mathbb{K}[x] \times \mathbb{K}[x]$ がただひとつ存在する。

定義 5.2 0 でない多項式を含む集合 $\{f_1, \cdots, f_m\} \subseteq \mathbb{K}[x]$ に対し

$$\{g \in \mathbb{K}[x] \mid g \neq 0,\ \ g|f_i\ (1 \leq i \leq m)\}$$

の要素で次数最大のものを最大公約式と呼び、$\gcd(f_1, \cdots, f_m)$ と表わす。

$\mathbb{K}[x]$ に対しても拡張ユークリッド互除法が成り立つ。このアルゴリズムでは行列の積の成分 $a, b, c, d, u, v \in \mathbb{K}[x]$ を変化させていく。以下 $\deg(f) > \deg(g)$ と仮定する。$\deg(f) = \deg(g)$ のときは g から f の定数倍を引いて $\deg(f) > \deg(g)$ としてからアルゴリズムを実行すればよい。

$$\begin{pmatrix} a & b \\ c & d \end{pmatrix} \begin{pmatrix} f \\ g \end{pmatrix} = \begin{pmatrix} u \\ v \end{pmatrix} \qquad (ad - bc = \pm 1,\ \deg(u) > \deg(v))$$

(1) a, b, c, d, u, v を次のように初期化する。

$$\begin{pmatrix} 1 & 0 \\ 0 & 1 \end{pmatrix} \begin{pmatrix} f \\ g \end{pmatrix} = \begin{pmatrix} f \\ g \end{pmatrix}$$

(2) $v = 0$ なら

$$\gcd(f, g) = u,\ \ af + bg = \gcd(f, g)$$

と出力して終了する。

(3) $v \neq 0$ なら $u = qv + r$ $(\deg(r) < \deg(v))$ となる $(q, r) \in \mathbb{K}[x] \times \mathbb{K}[x]$ を求め

$$\begin{pmatrix} c & d \\ a - qc & b - qd \end{pmatrix} \begin{pmatrix} f \\ g \end{pmatrix} = \begin{pmatrix} v \\ r \end{pmatrix} \qquad (\deg(v) > \deg(r))$$

と更新して (2) に戻る。

註 5.1 $v = 0$ ならば下記の等式より u は f と g の約数である。

$$\begin{pmatrix} d & -b \\ -c & a \end{pmatrix} \begin{pmatrix} u \\ v \end{pmatrix} = \pm \begin{pmatrix} f \\ g \end{pmatrix}$$

また、アルゴリズムのどの段階でも f, g 共通の約数は u, v の約数である。

補題 5.2 $f, g \in \mathbb{K}[x]$, $f \neq 0$, $g \neq 0$ とすると最大公約式 $\gcd(f, g)$ は非零定数倍を除いてただひと通りに定まる。

証明 $0 \neq h \in \mathbb{K}[x]$ が f と g の約数とすると拡張ユークリッド互除法で求めた最大公約式の約数である。ゆえに、次数最大のものは非零定数倍を除いて拡張ユークリッド互除法で求めた最大公約式に等しい。 □

定義 5.3　$f \in \mathbb{K}[x]$ が既約多項式とは、$\deg(f) \geq 1$ かつ f の約数が c, cf $(0 \neq c \in \mathbb{K})$ に限るときをいう。以下既約多項式の最高次の係数は 1 とする。

註 5.2　代数学の基本定理により $\mathbb{C}[x]$ の既約多項式は $x - \lambda$ $(\lambda \in \mathbb{C})$ で、$\mathbb{R}[x]$ の既約多項式は $x^2 + ax + b$ $(D = a^2 - 4b < 0)$, $x - c$ $(c \in \mathbb{R})$ である。代数学の基本定理の証明は多く知られているが、大学初年次の連続関数の厳密な扱いを用いれば初等的に証明できる。

有理整数環と同様に多項式の素因数分解の存在と一意性が成り立つ。

補題 5.3　体 $\mathbb{K}$ 上の一変数多項式環 $\mathbb{K}[x]$ に対し次が成立する。

(1) $f \in \mathbb{K}[x]$ を既約多項式とする。$f|gh$ $(g, h \in \mathbb{K}[x])$ ならば $f|g$ または $f|h$ である。

(2) 任意の $0 \neq f \in \mathbb{K}[x]$ は非零定数倍を除いてただひと通りに既約多項式の積に分解される。

5.2　一変数多項式環の中国剰余定理と Smith 標準形

$\mathbb{K}$ を体とする。拡張ユークリッド互除法を用いれば一変数多項式環 $\mathbb{K}[x]$ に対しても中国剰余定理が成り立つことがわかる。

定理 5.1　$0 \neq f \in \mathbb{K}[x]$ が $\gcd(g, h) = 1$ すなわち互いに素な $g, h \in \mathbb{K}[x]$ を用いて $f = gh$ と書けるならば次の $\mathbb{K}[x]$–加群同型が成り立つ。

$$\mathbb{K}[x]/(f) \simeq \mathbb{K}[x]/(g) \times \mathbb{K}[x]/(h)$$

証明　$F : \mathbb{K}[x]/(f) \to \mathbb{K}[x]/(g) \times \mathbb{K}[x]/(h)$ が

$$a + (f) \mapsto (a + (g), a + (h))$$

と定義できて $\mathbb{K}[x]$–加群準同型である。$a \in \mathrm{Ker}(F)$ は g, h 両方の倍数だから、$a = gu = hv$ $(u, v \in \mathbb{K}[x])$ と書ける。$a \neq 0$ のとき素因数分解の一意性を用いると a が $gh = f$ で割り切れることがわかるから F は単射である。

次に拡張ユークリッド互除法を用いて $bg + ch = 1$ をみたす $b, c \in \mathbb{K}[x]$ を

求める。$(u,v)\in\mathbb{K}[x]^2$ に対して $a=uch+vbg$ と置くと

$$a+(g)=u+(g),\qquad a+(h)=v+(h)$$

となるから F は全射である。 □

定義 5.4　体 $\mathbb{K}$ 上の一変数多項式環 $\mathbb{K}[x]$ の場合、(3) の $c\in\mathbb{K}[x]$ 以外は $\mathbb{K}$ の場合とまったく同じ次の行列を基本行列と呼ぶ。

(1) $1\le i<j\le n$ に対し、

$$P(i,j)=E-E_{ii}-E_{jj}+E_{ij}+E_{ji}\in\mathrm{Mat}(n,n,\mathbb{K}[x]),$$

(2) $1\le i\le n$ と $0\ne c\in\mathbb{K}$ に対し、

$$P(i)=E+(c-1)E_{ii}\in\mathrm{Mat}(n,n,\mathbb{K}[x]),$$

(3) $1\le i\ne j\le n$ と $c\in\mathbb{K}[x]$ に対し、

$$P(i,j;c)=E+cE_{ij}\in\mathrm{Mat}(n,n,\mathbb{K}[x]).$$

命題 5.1　$A\in\mathrm{Mat}(m,n,\mathbb{K}[x])$ に対し、$\det(P),\det(Q)\in\mathbb{K}^{\times}$ である行列 $P\in\mathrm{Mat}(m,m,\mathbb{K}[x])$, $Q\in\mathrm{Mat}(n,n,\mathbb{K}[x])$ と非零多項式 $f_1,\cdots,f_r$ が存在して次が成り立つ。

$$PAQ=\begin{pmatrix}R&O\\O&O\end{pmatrix},\qquad R=\begin{pmatrix}f_1&0&\cdots&0\\0&f_2&\ddots&\vdots\\\vdots&\ddots&\ddots&0\\0&\cdots&0&f_r\end{pmatrix}$$

最後に非零定数倍で修正すれば $f_1,\cdots,f_r$ の最高次の係数をすべて 1 にできる。

証明　A を目標の形に変形していくアルゴリズムを与える。

(1) $A=O$ なら終了。

(2) A の非零成分の中で次数最小のものをひとつ選ぶ。この成分が a_{ij} のとき A を $P(1,i)AP(1,j)$ に更新し、a_{11} を A の非零成分の中で次数

最小の成分にする。

(3) $2 \leq i \leq m$ に対し、A の第 1 列の成分 a_{i1} を

$$a_{i1} = q_{i1}a_{11} + r_{i1} \quad (q_{i1}, r_{i1} \in \mathbb{K}[x],\ \deg(r_{i1}) < \deg(a_{11}))$$

と書き、次に第 i 行から第 1 行の q_{i1} 倍を引く行基本変形を実行して A を更新し、$a_{i1} = r_{i1}$ $(2 \leq i \leq m)$ とする。$r_{i1} \neq 0$ が存在すればその中で次数が最小のものを取り、A を $P(1,i)A$ に更新して (3) を繰り返す。

(4) $2 \leq j \leq n$ に対し、A の第 1 行の成分 a_{1j} を

$$a_{1j} = q_{1j}a_{11} + r_{1j} \qquad (q_{1j}, r_{1j} \in \mathbb{K}[x],\ \deg(r_{1j}) < \deg(a_{11}))$$

と書き、第 j 列から第 1 列の q_{1j} 倍を引く列基本変形を実行して A を更新し、$a_{1j} = r_{1j}$ $(2 \leq j \leq n)$ とする。$r_{1j} \neq 0$ が存在すればその中で次数が最小のものを取り、A を $AP(1,j)$ に更新して (3) に戻る。

(5) この時点で $a_{11} \neq 0,\ a_{i1} = 0\ (2 \leq i \leq m),\ a_{1j} = 0\ (2 \leq j \leq n)$ であるから、A から第 1 行と第 1 列を削ったものを A として (1) に戻る。

(2) から (4) では手続きを繰り返すごとに $\deg(a_{11})$ が真に減少するから、かならず有限回の手続きののち (5) に移る。ゆえに、このアルゴリズムで A を求める形に変形できる。 □

$\mathbb{K}[x]$ に対しても Smith 標準形が存在する。証明は $\mathbb{Z}$ の場合と同様で、(5) を変更すればよい。ただし、$f_1, \cdots, f_r$ の最高次の係数は 1 にする。

定理 5.2 命題 5.1 において $f_i | f_{i+1}$ $(1 \leq i \leq r-1)$ とできる。このとき、多項式 $f_1, \cdots, f_r$ は A からただひと通りに定まり、A の単因子と呼ばれる。

5.3 一変数多項式環上の自由加群の準同型と部分加群・商加群の計算

命題 5.2 $\mathbb{K}$ を体とし、$\mathbb{K}[x]$–加群準同型 $f : \mathbb{K}[x]^n \to \mathbb{K}[x]^m$ が

$$A \in \mathrm{Mat}(m, n, \mathbb{K}[x])$$

により $f(v) = Av$ $(v \in \mathbb{K}[x]^n)$ と書けるとき、$\det(P) \in \mathbb{K}^\times$, $\det(Q) \in \mathbb{K}^\times$ である $P \in \mathrm{Mat}(m, m, \mathbb{K}[x])$, $Q \in \mathrm{Mat}(n, n, \mathbb{K}[x])$ と非零多項式 $f_1, \cdots, f_r$ を

$$PAQ = \begin{pmatrix} R & O \\ O & O \end{pmatrix}, \qquad R = \begin{pmatrix} f_1 & 0 & \cdots & 0 \\ 0 & f_2 & \ddots & \vdots \\ \vdots & \ddots & \ddots & 0 \\ 0 & \cdots & 0 & f_r \end{pmatrix}$$

となるように取れば次が成り立つ。

(1) $\mathrm{Im}(f)$ は $f_1 P^{-1} e_1, \cdots, f_r P^{-1} e_r$ を基底にもつ自由 $\mathbb{K}[x]$–加群である。ただし、$e_1, \cdots, e_m$ は $\mathbb{K}[x]^m$ の標準基底である。

(2) $\mathrm{Ker}(f)$ は $Qe_{r+1}, \cdots, Qe_n$ を基底にもつ自由 $\mathbb{K}[x]$–加群である。ただし、$e_1, \cdots, e_n$ は $\mathbb{K}[x]^n$ の標準基底である。

(3) 次の $\mathbb{K}[x]$–加群同型が成り立つ。

$$\mathbb{K}[x]^m / \mathrm{Im}(f) \simeq \mathbb{K}[x]/(f_1) \times \cdots \times \mathbb{K}[x]/(f_r) \times \mathbb{K}[x]^{m-r}$$

証明　有理整数環の場合と同様である。 □

例 5.1　複素数成分行列 $A \in \mathrm{Mat}(3, \mathbb{C})$ を

$$A = \begin{pmatrix} .0 & 2 & 1 \\ -4 & 6 & 2 \\ 4 & -4 & 0 \end{pmatrix}$$

と定め、$f : \mathbb{C}[x]^3 \to \mathbb{C}[x]^3$ を $xE - A \in \mathrm{Mat}(3, 3, \mathbb{C}[x])$ 倍で定める。すなわち

$$\begin{pmatrix} a(x) \\ b(x) \\ c(x) \end{pmatrix} \mapsto (xE - A) \begin{pmatrix} a(x) \\ b(x) \\ c(x) \end{pmatrix} = \begin{pmatrix} xa(x) - 2b(x) - c(x) \\ 4a(x) + (x-6)b(x) - 2c(x) \\ -4a(x) + 4b(x) + xc(x) \end{pmatrix}$$

とする。このとき、$xE - A$ の単因子は $f_1 = 1$, $f_2 = x - 2$, $f_3 = (x-2)^2$

だから次の $\mathbb{C}[x]$–加群同型を得る。

$$\mathbb{C}[x]^3 / \operatorname{Im}(f) \simeq \mathbb{C}[x]/(x-2) \times \mathbb{C}[x]/(x-2)^2$$

章末問題

1 $f(x) = x^3 - 3x + 2,\ g(x) = x^2 + 2x - 3 \in \mathbb{C}[x]$ に対し、$\gcd(f,g)$ と $af + bg = \gcd(f,g)$ をみたす $a(x), b(x) \in \mathbb{C}[x]$ を求めよ。

2 2 次式 $x^2 + 1 \in \mathbb{F}_3[x]$ で割り切れる $\mathbb{F}_3$ 係数多項式 $f(x) \in \mathbb{F}_3[x]$ の全体を (x^2+1) と書く。$f(x) \notin (x^2+1)$ のとき、つまり $f(x)$ が x^2+1 で割り切れないとき、拡張ユークリッド互除法で

$$f(x)g(x) + (x^2+1)h(x) = 1$$

となる $g(x), h(x) \in \mathbb{F}_3[x]$ を求めると $\mathbb{F}_3[x]$ で

$$f(x)g(x) \equiv 1 \mod (x^2+1)$$

が成り立つ。次の問に答えよ。

(i) $(f(x) \bmod (x^2+1))^{-1} = g(x) \bmod (x^2+1)$ と定めることにより $\mathbb{F}_3[x]/(x^2+1)$ が体になる。$(x+1 \bmod (x^2+1))^{-1}$ を求めよ。

(ii) $x \bmod (x^2+1)$ を i と書く。

$$\mathbb{F}_3[x]/(x^2+1) = \{a + bi \mid a, b \in \mathbb{F}_3\}$$

であることを示し、乗法が

$$(a+bi)(c+di) = (ac-bd) + (ad+bc)i \qquad (a,b,c,d \in \mathbb{F}_3)$$

と計算できることを示せ。

3 $A(x) \in \mathrm{Mat}(3, 3, \mathbb{C}[x])$ を

$$A(x) = \begin{pmatrix} x-3 & -2 & 2 \\ 0 & x-7 & 4 \\ 0 & -2 & x-1 \end{pmatrix}$$

とし、$A(x)$ 倍写像を $f:\mathbb{C}[x]^3\to\mathbb{C}[x]^3$ とする。$\mathbb{C}[x]$–加群同型

$$\mathbb{C}[x]^3/\operatorname{Im}(f)\simeq\mathbb{C}[x]/(x-3)\times\mathbb{C}[x]/(x-3)\times\mathbb{C}[x]/(x-5)$$

を示せ。

4 R を可換環、M_1, M_2, N を R–加群とするとき R–加群同型

$$\operatorname{Hom}_R(M_1\oplus M_2, N)\simeq\operatorname{Hom}_R(M_1,N)\times\operatorname{Hom}_R(M_2,N)$$

を示せ。(直和と直積の記号の使い分けを気にしなくてよい。)

5 R を可換環、M, N_1, N_2 を R–加群とするとき R–加群同型

$$\operatorname{Hom}_R(M, N_1\oplus N_2)\simeq\operatorname{Hom}_R(M,N_1)\oplus\operatorname{Hom}_R(M,N_2)$$

を示せ。(直和と直積の記号の使い分けを気にしなくてよい。)

6 $g(x), h(x)\in\mathbb{C}[x]$ を互いに素な多項式とし、

$$g(x)=x^l+a_1x^{l-1}+\cdots+a_l,\qquad h(x)=x^m+b_1x^{m-1}+\cdots+b_m$$

と書く。また、$f(x)=g(x)h(x)\in\mathbb{C}[x]$ を

$$f(x)=x^{l+m}+c_1x^{l+m-1}+\cdots+c_{l+m}\in\mathbb{C}[x]$$

と書き、漸化式 $f_{n+(l+m)}+c_1f_{n+(l+m-1)}+\cdots+c_{l+m}f_n=0$ をみたす複素数列 $(f_n)_{n\in\mathbb{N}}$ の全体を W とする。次の問に答えよ。

(i) 漸化式 $f_{n+l}+a_1f_{n+l-1}+\cdots+a_lf_n=0$ をみたす複素数列 $(f_n)_{n\in\mathbb{N}}$ の全体を U とするとき、U が W の部分空間であることを示せ。

(ii) 漸化式 $f_{n+m}+b_1f_{n+m-1}+\cdots+b_mf_n=0$ をみたす複素数列 $(f_n)_{n\in\mathbb{N}}$ の全体を V とするとき、V が W の部分空間であることを示せ。

(iii) N を $\mathbb{C}[x]$–加群とする。$\operatorname{Hom}_{\mathbb{C}[x]}(\mathbb{C}[x]/(g), N)$ の要素 φ に対して $\operatorname{Hom}_{\mathbb{C}[x]}(\mathbb{C}[x]/(f), N)$ の要素

$$a(x)\bmod f(x)\mapsto\varphi(a(x)\bmod g(x))\qquad(a(x)\in\mathbb{C}[x])$$

を対応させると単射 $\mathbb{C}[x]$–加群準同型

$$\mathrm{Hom}_{\mathbb{C}[x]}(\mathbb{C}[x]/(g), N) \longrightarrow \mathrm{Hom}_{\mathbb{C}[x]}(\mathbb{C}[x]/(f), N)$$

が得られる。同様に、$\varphi \in \mathrm{Hom}_{\mathbb{C}[x]}(\mathbb{C}[x]/(h), N)$ に対し

$$a(x) \mod f(x) \mapsto \varphi(a(x) \mod h(x)) \qquad (a(x) \in \mathbb{C}[x])$$

を対応させると単射 $\mathbb{C}[x]$–加群準同型

$$\mathrm{Hom}_{\mathbb{C}[x]}(\mathbb{C}[x]/(h), N) \longrightarrow \mathrm{Hom}_{\mathbb{C}[x]}(\mathbb{C}[x]/(f), N)$$

が得られる。$U \to W, V \to W$ を包含写像、

$$\mathrm{Hom}_{\mathbb{C}[x]}(\mathbb{C}[x]/(g), \mathbb{C}[\mathbb{N}]) \simeq U, \qquad \mathrm{Hom}_{\mathbb{C}[x]}(\mathbb{C}[x]/(h), \mathbb{C}[\mathbb{N}]) \simeq V$$

を第 2 章の章末問題 **5** で定義した $\mathbb{C}[x]$–加群同型写像とするとき、次の図式が可換であることを示せ。

$$\begin{array}{ccc} \mathrm{Hom}_{\mathbb{C}[x]}(\mathbb{C}[x]/(g), \mathbb{C}[\mathbb{N}]) & \longrightarrow & U \\ \downarrow & \circlearrowleft & \downarrow \\ \mathrm{Hom}_{\mathbb{C}[x]}(\mathbb{C}[x]/(f), \mathbb{C}[\mathbb{N}]) & \longrightarrow & W \end{array}$$

$$\begin{array}{ccc} \mathrm{Hom}_{\mathbb{C}[x]}(\mathbb{C}[x]/(h), \mathbb{C}[\mathbb{N}]) & \longrightarrow & V \\ \downarrow & \circlearrowleft & \downarrow \\ \mathrm{Hom}_{\mathbb{C}[x]}(\mathbb{C}[x]/(f), \mathbb{C}[\mathbb{N}]) & \longrightarrow & W \end{array}$$

(iv) $W = U \oplus V$ を示せ。

(v) $g(x) = x^2 - 4x + 4$, $h(x) = x - 3$ のとき、U, V, W を求めよ。

7 $V = \mathbb{C}^n$ を $A \in \mathrm{Mat}(n, n, \mathbb{C})$ の定める $\mathbb{C}[x]$–加群、A の相異なる固有値を $\lambda_1, \cdots, \lambda_s$, 固有値 λ_i の重複度を m_i とする。A の固有多項式は

$$\varphi_A(x) = \det(xE - A) = (x - \lambda_1)^{m_1} \cdots (x - \lambda_s)^{m_s}$$

であり、固有値 λ_i の広義固有空間は

$$V(\lambda_i) = \mathrm{Ker}((\lambda_i E - A)^{m_i})$$

である。次の問に答えよ。

(i) 次の $\mathbb{C}[x]$–加群同型を示せ。

$$\mathrm{Hom}_{\mathbb{C}[x]}(\mathbb{C}[x]/(\varphi_A(x)), V) \simeq V$$

(ii) 直和分解 $V = \displaystyle\bigoplus_{i=1}^{s} V(\lambda_i)$ を示せ。

(iii) V の $\mathbb{C}[x]$–部分加群 W に対し $W = \displaystyle\bigoplus_{i=1}^{s} W \cap V(\lambda_i)$ を示せ。

8 $U \subseteq \mathbb{R}$ を開区間、$C^\infty(U)$ を U 上無限階微分可能複素数値関数の集合、$D : C^\infty(U) \to C^\infty(U)$ を線形微分作用素とする。このとき $C^\infty(U)$ は $f(x) \in \mathbb{C}[x]$ の作用を $f(D) : C^\infty(U) \to C^\infty(U)$ と定めることで $\mathbb{C}[x]$–加群である。$A(x) \in \mathrm{Mat}(m, n, \mathbb{C}[x])$ と $v_1(t), \cdots, v_m(t) \in C^\infty(U)$ に対し連立微分方程式系

$$A(D) \begin{pmatrix} u_1(t) \\ \vdots \\ u_n(t) \end{pmatrix} = \begin{pmatrix} v_1(t) \\ \vdots \\ v_m(t) \end{pmatrix}$$

を解いて未知関数 $u_1(t), \cdots, u_n(t) \in C^\infty(U)$ を求めるには Smith 標準形を求めて単因子 $f(x) = f_1(x), \cdots, f_r(x)$ に対し $f(D)u(t) = v(t)$ の形の微分方程式を解けばよい。

$$A(x) = \begin{pmatrix} x-7 & 4 \\ -2 & x-1 \end{pmatrix}$$

のとき、この方針に基づいて次の微分方程式系の解の公式を作れ。

(i) $U = \mathbb{R}$, $A\left(\dfrac{d}{dt}\right) u(t) = v(t)$.

(ii) $U = \mathbb{R}_+ = \{t \in \mathbb{R} \mid t > 0\}$, $A\left(t\dfrac{d}{dt}\right)u(t) = v(t)$.

註 5.3 定数係数斉次線形常微分方程式と定数係数斉次線形漸化式の解法は本質的に同じであり、それぞれアナログシステムとデジタルシステムの解析に使われてきた。解法が同じである理由はもはや明らかであろう。

$$\mathrm{Hom}_{\mathbb{C}[x]}(\mathbb{C}[x]/(h), N)$$

の変数 N に $C^\omega(\mathbb{R})$ を入れるか $\mathbb{C}[\mathbb{N}]$ を入れるかだけの違いだからである。N は $\mathbb{C}[x]$–加群ならなんでもよいので斉次線形方程式を解くという概念も種々の $\mathbb{C}[x]$–加群で考えられる。たとえば

$$\mathbb{C}[t]_{\le N} = \{f(t) \in \mathbb{C}[t] \mid \deg(f) \le N\}$$

と置くと、$g(x)f = g(d/dt)f$ により $\mathbb{C}[x]$–加群であり、$\mathbb{C}[x]$–部分加群の増加列

$$\mathbb{C} \subseteq \mathbb{C}[t]_{\le 1} \subseteq \cdots \subseteq \mathbb{C}[t]_{\le N} \subseteq \cdots \subseteq \mathbb{C}[t] \subseteq C^\omega(\mathbb{R})$$

が得られる。$D = h(d/dt)$ と置くと $h(0) \neq 0$ ならば

$$\mathrm{Hom}_{\mathbb{C}[x]}(\mathbb{C}[x]/(h), \mathbb{C}[t]) \simeq \{u \in \mathbb{C}[t] \mid Du = 0\} = 0$$

である。他方、$h(0) \neq 0$ ならば $\mathbb{C}[x]$–加群同型

$$\{u \in C^\omega(\mathbb{R}) \mid Du = 0\} \simeq \{u \in C^\omega(\mathbb{R})/\mathbb{C}[t] \mid Du = 0\}$$

が得られる。なぜなら、$u \bmod \mathbb{C}[t] \in C^\omega(\mathbb{R})/\mathbb{C}[t]$ $(u \in C^\omega(\mathbb{R}))$ が $Du = 0$ をみたすなら $Du \in \mathbb{C}[t]$ であるが、$h(x) = x^n + a_1x^{n-1} + \cdots + a_n$ と書くとき

$$D\frac{t^k}{k!} = a_n\frac{t^k}{k!} + a_{n-1}\frac{t^{k-1}}{(k-1)!} + \cdots + a_1\frac{t^{k-n+1}}{(k-n+1)!} + \frac{t^{k-n}}{(k-n)!}$$

だから、$a_n \neq 0$ ならば $k \in \mathbb{N}$ に関する帰納法により $D : \mathbb{C}[t] \to \mathbb{C}[t]$ が全射とわかり、$u_0 \in \mathbb{C}[t]$ を $D(u - u_0) = 0$ に取れるから

$$\{u \in C^\omega(\mathbb{R}) \mid Du = 0\} \longrightarrow \{u \in C^\omega(\mathbb{R})/\mathbb{C}[t] \mid Du = 0\}$$

は全射で、$u \in \mathbb{C}[t]$ なら $Du = 0$ より $u = 0$ だから単射にもなるからである。

より一般に $a_{n-l-1} \neq 0,\ a_{n-l} = \cdots = a_n = 0$ のときは短完全系列

$$\begin{aligned} 0 &\longrightarrow \mathbb{C}[t]_{\leq l} \longrightarrow \{u \in C^\omega(\mathbb{R}) \mid Du = 0\} \\ &\longrightarrow \{u \in C^\omega(\mathbb{R})/\mathbb{C}[t] \mid Du = 0\} \longrightarrow 0 \end{aligned}$$

を得る。より進んだ話題としてホモロジー代数を学ぶとこの短完全系列を別の形で得ることもできる。ここでは記号も含め何も説明しないが、短完全系列

$$0 \longrightarrow \mathbb{C}[t] \longrightarrow C^\omega(\mathbb{R}) \longrightarrow C^\omega(\mathbb{R})/\mathbb{C}[t] \longrightarrow 0$$

より長完全系列

$$\begin{aligned} 0 &\longrightarrow \mathrm{Hom}_{\mathbb{C}[x]}(\mathbb{C}[x]/(h), \mathbb{C}[t]) \longrightarrow \mathrm{Hom}_{\mathbb{C}[x]}(\mathbb{C}[x]/(h), C^\omega(\mathbb{R})) \\ &\longrightarrow \mathrm{Hom}_{\mathbb{C}[x]}(\mathbb{C}[x]/(h), C^\omega(\mathbb{R})/\mathbb{C}[t]) \longrightarrow \mathrm{Ext}^1_{\mathbb{C}[x]}(\mathbb{C}[x]/(h), \mathbb{C}[t]) \longrightarrow \cdots \end{aligned}$$

が得られ、まず

$$\mathrm{Hom}_{\mathbb{C}[x]}(\mathbb{C}[x]/(h), \mathbb{C}[t]) \simeq \{u \in \mathbb{C}[t] \mid Du = 0\} = \mathbb{C}[t]_{\leq l}$$

である。また、h 倍写像 $\mathbb{C}[x] \to \mathbb{C}[x]$ の定める短完全系列（自由分解）

$$0 \longrightarrow \mathbb{C}[x] \longrightarrow \mathbb{C}[x] \longrightarrow \mathbb{C}[x]/(h) \longrightarrow 0$$

より、複体

$$\cdots \longrightarrow 0 \longrightarrow \mathrm{Hom}_{\mathbb{C}[x]}(\mathbb{C}[x], \mathbb{C}[t]) \longrightarrow \mathrm{Hom}_{\mathbb{C}[x]}(\mathbb{C}[x], \mathbb{C}[t]) \longrightarrow 0 \longrightarrow \cdots$$

のコホモロジーとして $\mathrm{Ext}^1_{\mathbb{C}[x]}(\mathbb{C}[x]/(h), \mathbb{C}[t])$ が計算でき、同型な複体

$$\cdots \longrightarrow 0 \longrightarrow \mathbb{C}[t] \xrightarrow{D} \mathbb{C}[t] \longrightarrow 0 \longrightarrow \cdots$$

を用いれば $\mathrm{Ext}^1_{\mathbb{C}[x]}(\mathbb{C}[x]/(h), \mathbb{C}[t]) = \mathbb{C}[t]/\mathrm{Im}(D) = 0$ である。ゆえに求める短完全系列が得られる。この計算法でも $\mathrm{Ker}(D) = \mathbb{C}[t]_{\leq l}$ と D が全射であることの初等的な方法での確認は必要である。

この教科書を読むにあたってまったく必要のない話題であるが、現代数学においてホモロジー代数は必須の手法であり、大学院に進んで本格的に学ぶ前に

高校や大学初年次で学ぶ題材を使って遊んで慣れておくのも背伸びしたい学生には一興であろう。

第6章

加群理論の応用

6.1　有限生成加法群の構造定理

定義 6.1　加法群 G が有限生成とは、有限部分集合 $\{g_1, \cdots, g_m\} \subseteq G$ が存在して $G = \{g_1^{e_1} \cdots g_m^{e_m} \mid e_1, \cdots, e_m \in \mathbb{Z}\}$ となるとき、すなわち G が $\mathbb{Z}$–加群として有限生成のときをいう。とくに有限加法群は有限生成である。

補題 6.1　加法群 $\mathbb{Z}^n$ の部分群は有限個の要素からなる基底をもつ。

証明　n に関する帰納法で示す。まず G が $\mathbb{Z}$ の部分群とする。$G = \{0\}$ なら主張は明らかだから、$G \neq \{0\}$ としてよい。$m \in G$ なら $-m \in G$ なので、次の定義が可能である。

$$r = \min\{m \in \mathbb{Z} \mid m > 0,\ m \in G\}$$

このとき、$G = r\mathbb{Z}$ である。実際、$r \in G$ より $r\mathbb{Z} \subseteq G$ は明らかで、$m \in G$ が r で割り切れないならば

$$m = qr + r' \qquad (q \in \mathbb{Z},\ 0 < r' < r)$$

と書けるから、$r' = m - qr \in G$ となり、r の最小性に反するので、G の任意の要素は r で割り切れ、$G \subseteq r\mathbb{Z}$ である。よって、$G = r\mathbb{Z}$ を得る。

次に、$n-1$ まで主張が成り立っていると仮定し、G を $\mathbb{Z}^n$ の部分群とする。

$$p : \mathbb{Z}^n \longrightarrow \mathbb{Z}$$

を第 n 成分への射影とすると、p は群準同型であるから、$p(G)$ は $\mathbb{Z}$ の部分群である。$p(G) = 0$ ならば $G \subseteq \mathbb{Z}^{n-1}$ だから帰納法の仮定より G は有限個の要素からなる基底をもつ。$p(G) \neq 0$ ならば、$r \in \mathbb{N}$ が存在して $p(G) = r\mathbb{Z}$ となるから、$h \in G$ を $p(h) = r$ となるようにとると、$G = \mathbb{Z}h + G \cap \mathbb{Z}^{n-1}$ である。実際、$G \supseteq \mathbb{Z}h + G \cap \mathbb{Z}^{n-1}$ は明らかであり、任意の $g \in G$ に対し、$p(g) \in r\mathbb{Z}$ より、$p(g) = p(qh)$ となる $q \in \mathbb{Z}$ が存在するから、

$$g - qh \in G \cap \mathrm{Ker}(p) = G \cap \mathbb{Z}^{n-1}$$

となり、$G \subseteq \mathbb{Z}h + G \cap \mathbb{Z}^{n-1}$ が成り立つ。

次に帰納法の仮定より加法群 $G \cap \mathbb{Z}^{n-1}$ は基底をもつから、この基底を $\{h_1, \cdots, h_\ell\}$ と書き、$h_{\ell+1} = h$ と置くと

$$G = \mathbb{Z}h + G \cap \mathbb{Z}^{n-1} = \mathbb{Z}h_1 + \cdots + \mathbb{Z}h_{\ell+1}$$

であり、$c_1 h_1 + \cdots + c_{\ell+1} h_{\ell+1} = 0$ ならば第 n 成分を見ることで $c_{\ell+1} = 0$ を得る。ゆえに $c_1 = 0, \cdots, c_\ell = 0$ も得られ、G は有限個の要素からなる基底 $\{h_1, \cdots, h_\ell, h_{\ell+1}\}$ をもつ。 □

定理 6.1　有限生成加法群は $\mathbb{Z}$ および $\mathbb{Z}/(n)$ $(n \in \mathbb{N})$ の形の加法群有限個の直積（直積は定義 3.7 参照）に同型である。

証明　有限生成群 G を $G = \{g_1^{e_1} \cdots g_m^{e_m} \mid e_1, \cdots, e_m \in \mathbb{Z}\}$ とするとき、

$$\begin{pmatrix} e_1 \\ \vdots \\ e_m \end{pmatrix} \mapsto g_1^{e_1} \cdots g_m^{e_m}$$

により全射群準同型 $f : \mathbb{Z}^m \to G$ が定義され、加群同型

$$\mathbb{Z}^m / \mathrm{Ker}(f) \simeq G$$

を誘導する。補題 6.1 より $\mathrm{Ker}(f)$ は基底をもつので、この基底を $\{h_1, \cdots, h_\ell\}$ と書くと、行列 $H = (h_1, \cdots, h_\ell) \in \mathrm{Mat}(m, \ell, \mathbb{Z})$ に対し $\mathrm{Ker}(f) = \mathrm{Im}(H)$ である。H の Smith 標準形を考えれば、単因子 $f_1, \cdots, f_r$ に対し群同型

$$G \simeq \mathbb{Z}^m / \operatorname{Im}(H) \simeq \mathbb{Z}/(f_1) \times \cdots \times \mathbb{Z}/(f_r) \times \mathbb{Z}^{m-r}$$

を得る。 □

中国剰余定理を用いれば次の系（有限加法群の構造定理）を得る。

系 6.1 有限加法群は素数 p と自然数 e から定まる加法群 $\mathbb{Z}/(p^e)$ の直積群に同型である。

6.2 有限加法群の部分群の計算法

$\zeta = \exp(2\pi\sqrt{-1}/n) \in \mathbb{C}$ とするとき、

$$\mathbb{Q}(\zeta) = \{a_0 + a_1\zeta + \cdots + a_{n-1}\zeta^{n-1} \in \mathbb{C} \mid a_0, \cdots, a_{n-1} \in \mathbb{Q}\}$$

は体である。将来 Galois 理論を学ぶと、$\mathbb{Q}(\zeta)$ の部分体を求めるには乗法を

$$(a \bmod n)(b \bmod n) = ab \bmod n \qquad (a, b \in \mathbb{Z})$$

とする有限加法群

$$(\mathbb{Z}/(n))^\times = \{a \bmod n \in \mathbb{Z}/(n) \mid a \in \mathbb{Z},\ \gcd(a, n) = 1\}$$

の部分群を求めればよいことがわかる。本節では有限加法群の構造定理の応用として有限加法群の部分加群の計算法を述べる。

註 6.1 $\{1, \zeta, \cdots, \zeta^{n-1}\}$ は $\mathbb{Q}$ 上線形独立ではない。たとえば

(i) $n = 2$ なら $\zeta = -1$ だから $\mathbb{Q}(\zeta)$ は $\mathbb{Q}$ 上 1 次元、
(ii) $n = 3$ なら $\zeta^2 + \zeta + 1 = 0$ より $\mathbb{Q}(\zeta)$ は $\mathbb{Q}$ 上 2 次元、
(iii) $n = 4$ なら $\zeta = \sqrt{-1}$ より $\mathbb{Q}(\zeta)$ は $\mathbb{Q}$ 上 2 次元

である。一般には Euler の関数

$$\varphi(n) = |\{d \in \mathbb{N} \mid 1 \le d \le n,\ \gcd(d, n) = 1\}| = |(\mathbb{Z}/(n))^\times|$$

が $\mathbb{Q}(\zeta)$ の $\mathbb{Q}$ 上の次元を与える。

註 6.2 $n = p_1^{e_1} \cdots p_m^{e_m}$ を素因数分解とすると

$$(\mathbb{Z}/(n))^\times \simeq (\mathbb{Z}/(p_1^{e_1}))^\times \times \cdots \times (\mathbb{Z}/(p_m^{e_m}))^\times$$

であり、$p=2$ のときは群同型 $(\mathbb{Z}/2^n\mathbb{Z})^\times \simeq \mathbb{Z}/(2^{n-2}) \times \mathbb{Z}/(2)$ が成り立ち、p が奇素数ならば群同型 $(\mathbb{Z}/p^n\mathbb{Z})^\times \simeq \mathbb{Z}/(p^{n-1}(p-1))$ が成り立つ。

補題 6.2　G を有限加法群とする。G が $|G| = lm$ 個の要素をもつとし、$l, m \in \mathbb{N}$ が $\gcd(l, m) = 1$ をみたすとき

$$G_l = \{g \in G \mid lg = 0\}, \qquad G_m = \{g \in G \mid mg = 0\}$$

と置く。このとき次が成り立つ。

(1) 任意の $g \in G$ に対し $lmg = 0$ である。

(2) $a \in G_l$ と $b \in G_m$ に $a + b \in G$ を対応させる積写像 $m : G_l \times G_m \to G$ は群同型である。

(3) G の部分群は G_l の部分群 H_l と G_m の部分群 H_m を用いて

$$H = \{a + b \in G \mid a \in H_l,\ b \in H_m\}$$

と書ける。さらに積写像は群同型 $H_l \times H_m \simeq H$ を与える。

証明　(1) $g \in G$ が生成する G の部分加群を H とする。$x \in G/H$ に対し

$$\{g \in G \mid g + H = x\}$$

の個数は H の個数に一致するから $|G| = |H||G/H|$ となり、とくに $|H|$ は lm の約数である。$r = \min\{s \in \mathbb{N} \mid sg = 0\}$ とすると $|H| = r$ だから $r|lm$ となり、題意を得る。

(2) 拡張ユークリッド互除法を用いて $lx + my = 1$ をみたす $x, y \in \mathbb{Z}$ を求める。$a + b = 0$ なら $a = -b \in G_l \cap G_m$ より $la = ma = 0$ であるから、

$$a = (lx + my)a = x(la) + y(ma) = 0, \qquad b = -a = 0$$

より $m : G_l \times G_m \to G$ は単射である。他方、任意の $g \in G$ に対し $a = myg$, $b = lxg$ と置くと $la = 0$, $mb = 0$ かつ $g = a + b$ となり $m : G_l \times G_m \to G$ は全射である。

(3) $H \subseteq G$ が部分群とする。

$$H_l = \{myh \in H \mid h \in H\}, \qquad H_m = \{lxh \in H \mid h \in H\}$$

と置けば、$H_l \subseteq G_l$, $H_m \subseteq G_m$ は部分群で、$m : H_l \times H_m \simeq H$ となる。 □

系 6.2　G を有限加法群とする。素数 p に対し $|G| = p^e q$ $(\gcd(p,q) = 1)$ とすると、$|S_p| = p^e$ となる部分群 S_p と $|G'| = q$ となる部分群がただひとつ存在して、積写像は群同型 $S_p \times G' \simeq G$ を与える。

証明　有限加法群の構造定理を G に適用すると G は素数 l と $f \in \mathbb{N}$ から定まる群 $\mathbb{Z}/(l^f)$ の直積群 F に同型である。F で考えれば、$|S_p| = p^e$ となる部分群および $|G'| = q$ となる部分群の存在と一意性は明らかである。

次に補題 6.2 を G に適用すると、$S_p = G_{p^e}$ である。実際、素数 $l \neq p$ と $f \in \mathbb{N}$ に対し拡張ユークリッド互除法で $xp^e + yl^f = 1$ となる $x, y \in \mathbb{Z}$ を求めると、$g \in \mathbb{Z}/(l^f)$ が $p^e g = 0$ をみたすならば $l^f g = 0$ と併せて

$$g = xp^e g + yl^f g = 0 \in \mathbb{Z}/(l^f)$$

だから、G と同型な F で考えると $g \in G_{p^e}$ の成分が 0 でないのは $\mathbb{Z}/(p^k)$ $(k \in \mathbb{N})$ の成分のみである。ゆえに $G_{p^e} \subseteq S_p$ を得る。他方、G_q に有限加法群の構造定理を適用し同じ議論をすれば $|G_q|$ が p と互いに素とわかるから、$|G_{p^e}||G_q| = p^e q$ より $|G_{p^e}| = p^e$ となり、$G_{p^e} = S_p$ を得る。ゆえに $G' = G_q$ とすれば $|G'| = q$ であり、積写像が群同型 $S_p \times G' \simeq G$ を与える。 □

S_p を有限加法群 G の Sylow p–部分群と呼ぶ。有限加法群 G に対し Sylow p–部分群はただひと通りに決まり、行列から定まる $\mathbb{C}[x]$–加群の広義固有空間の類似物である。$|G| = p_1^{e_1} \cdots p_m^{e_m}$ を素因数分解とすると

$$S_{p_1} \times \cdots \times S_{p_m} \simeq G : (a_1, \cdots, a_m) \mapsto a_1 + \cdots + a_m$$

であり、G の部分群は各 $S_{p_1}, \cdots, S_{p_m}$ の部分群の直積として得られる。

註 6.3　素数 p に対し、自然数の減少列 $\lambda_1 \geq \lambda_2 \geq \cdots \geq \lambda_d$ が存在して

$$S_p \simeq \mathbb{Z}/(p^{\lambda_1}) \times \cdots \times \mathbb{Z}/(p^{\lambda_d})$$

であるが、一般の場合の S_p の部分群の決定は必ずしも単純ではなく、部分群

の個数を求めるにも対称式の理論と深い関係がある Hall 代数の理論が必要である。

6.3　Jordan 標準形

$A \in \mathrm{Mat}(n, n, \mathbb{C})$ に対し可逆行列 $T \in \mathrm{Mat}(n, n, \mathbb{C})$ が存在して $T^{-1}AT$ を Jordan 標準形にできるのであった。ここで、$\lambda \in \mathbb{C}$ に対し

$$J_d(\lambda) = \begin{pmatrix} \lambda & 1 & 0 & \cdots & 0 \\ 0 & \ddots & \ddots & \ddots & \vdots \\ \vdots & \ddots & \ddots & \ddots & 0 \\ \vdots & & \ddots & \ddots & 1 \\ 0 & \cdots & \cdots & 0 & \lambda \end{pmatrix} \in \mathrm{Mat}(d, d, \mathbb{C})$$

の形の行列を Jordan 細胞と呼び、Jordan 細胞を並べたブロック対角行列を Jordan 標準形と呼ぶのであった。

定理 6.2　$A \in \mathrm{Mat}(n, n, \mathbb{C})$ に対し可逆行列 $T \in \mathrm{Mat}(n, n, \mathbb{C})$ を選んで $T^{-1}AT$ を Jordan 標準形にできる。さらに、Jordan 細胞の並べ方を除き Jordan 標準形は一意的である。

線形代数では広義固有空間を用いた定理 6.2 の証明を学ぶ。鍵となるのは次の命題 6.1 であり、証明の詳細は線形代数で既習のはずなので省略するが、命題 6.1 (1) は一変数多項式環の中国剰余定理を用いて示すことができ、命題 6.1 (2) を示すには各広義固有空間 $V(\lambda)$ の部分空間列

$$0 \subseteq \mathrm{Ker}(\lambda E - A) \subseteq \mathrm{Ker}(\lambda E - A)^2 \subseteq \cdots \subseteq \mathrm{Ker}(\lambda E - A)^m = V(\lambda)$$

を考え、$m \geq d \geq 1$ に対し d が大きい方から順に次の手続きを行う。

(i) $(\lambda E - A)$ 倍写像

$$\mathrm{Ker}(\lambda E - A)^{d+1} \longrightarrow \mathrm{Ker}(\lambda E - A)^d / \mathrm{Ker}(\lambda E - A)^{d-1}$$

の像の基底を延長して $\mathrm{Ker}(\lambda E - A)^d / \mathrm{Ker}(\lambda E - A)^{d-1}$ の基底を得る。

(ii) 基底の延長で追加した $\operatorname{Ker}(\lambda E - A)^d / \operatorname{Ker}(\lambda E - A)^{d-1}$ の各要素の

$$\operatorname{Ker}(\lambda E - A)^d \longrightarrow \operatorname{Ker}(\lambda E - A)^d / \operatorname{Ker}(\lambda E - A)^{d-1}$$

による逆像をひとつ選ぶ。

この手続きで得られた各要素 $w \in \operatorname{Ker}(\lambda E - A)^d \setminus \operatorname{Ker}(\lambda E - A)^{d-1}$ に対し $(A - \lambda E)^k w$ $(0 \leq k \leq d-1)$ を考えると $V(\lambda)$ の基底が得られる。

(1) より $\mathbb{C}^n$ の基底が得られるので、この基底に関して A 倍写像を行列表示すると A の Jordan 標準形が得られる。A の Jordan 標準形が存在すれば (3) の Jordan 細胞の重複度公式は自明である。

命題 6.1 $A \in \mathrm{Mat}(n, n, \mathbb{C})$ とする。固有多項式を相異なる複素数 $\lambda_1, \cdots, \lambda_s$ と自然数 $m_1, \cdots, m_s$ を用いて

$$\det(xE - A) = (x - \lambda_1)^{m_1} \cdots (x - \lambda_s)^{m_s}$$

と因数分解し、$V(\lambda_i) = \{v \in \mathbb{C}^n \mid (\lambda_i E - A)^{m_i} v = 0\}$ と置くと次が成立する。

(1) 直和分解 $\mathbb{C}^n = V(\lambda_1) \oplus \cdots \oplus V(\lambda_s)$ が成り立つ。

(2) 可逆行列 $T \in \mathrm{Mat}(n, n, \mathbb{C})$ を選んで $T^{-1}AT$ を Jordan 標準形にできる。

(3) A の Jordan 標準形での Jordan 細胞 $J_k(\lambda_i)$ $(k \geq d)$ の重複度の和は

$$\dim\left\{v \in \mathbb{C}^n \,\middle|\, (\lambda_i E - A)^d v = 0\right\}$$
$$- \dim\left\{v \in \mathbb{C}^n \,\middle|\, (\lambda_i E - A)^{d-1} v = 0\right\}$$

である。とくに Jordan 細胞 $J_d(\lambda_i)$ の重複度は

$$2 \dim \operatorname{Ker}(\lambda_i E - A)^d$$
$$- \dim \operatorname{Ker}(\lambda_i E - A)^{d-1} - \dim \operatorname{Ker}(\lambda_i E - A)^{d+1}$$

で与えられる。

つまり、$A \in \mathrm{Mat}(n, n, \mathbb{C})$ の各固有値 λ に対し $\dim \operatorname{Ker}(\lambda E - A)^d$

$(d = 1, 2, \cdots)$ を計算すれば A の Jordan 標準形を求めることができる。

例 6.1 $A \in \mathrm{Mat}(4, 4, \mathbb{C})$ を

$$A = \begin{pmatrix} 2 & 0 & -4 & -4 \\ 0 & 4 & 2 & 3 \\ 2 & 0 & 8 & 4 \\ -1 & 0 & -2 & 2 \end{pmatrix}$$

とすると、固有多項式は $\det(xE - A) = (x-4)^4$ になるから固有値は $\lambda = 4$ のみである。

$$4E - A = \begin{pmatrix} 2 & 0 & 4 & 4 \\ 0 & 0 & -2 & -3 \\ -2 & 0 & -4 & -4 \\ 1 & 0 & 2 & 2 \end{pmatrix}, \qquad (4E - A)^2 = \begin{pmatrix} 0 & 0 & 0 & 0 \\ 1 & 0 & 2 & 2 \\ 0 & 0 & 0 & 0 \\ 0 & 0 & 0 & 0 \end{pmatrix},$$

$$(4E - A)^3 = O$$

であるから、連立一次方程式 $(4E - A)x = 0$, $(4E - A)^2 x = 0$ を解くと

$$\mathrm{Ker}(4E - A) = \mathbb{C}\begin{pmatrix} 0 \\ 1 \\ 0 \\ 0 \end{pmatrix} + \mathbb{C}\begin{pmatrix} 2 \\ 0 \\ -3 \\ 2 \end{pmatrix},$$

$$\mathrm{Ker}(4E - A)^2 = \mathbb{C}\begin{pmatrix} 0 \\ 1 \\ 0 \\ 0 \end{pmatrix} + \mathbb{C}\begin{pmatrix} -2 \\ 0 \\ 1 \\ 0 \end{pmatrix} + \mathbb{C}\begin{pmatrix} -2 \\ 0 \\ 0 \\ 1 \end{pmatrix}$$

となり、$a_k = \dim \mathrm{Ker}(4E - A)^k$ $(k = 0, 1, 2, \cdots)$ は

$$(a_0, a_1, a_2, a_3, a_4, a_5, \cdots) = (0, 2, 3, 4, 4, 4, \cdots)$$

である。ゆえに、$m_d = 2a_d - a_{d-1} - a_{d+1}$ $(d = 1, 2, \cdots)$ が

$$(m_1, m_2, m_3, m_4, \cdots) = (1, 0, 1, 0, \cdots)$$

となり、A の Jordan 標準形に Jordan 細胞 $J_1(4), J_3(4)$ が 1 回ずつ現れるので次の Jordan 標準形を得る。

$$\begin{pmatrix} 4 & 0 & 0 & 0 \\ 0 & 4 & 1 & 0 \\ 0 & 0 & 4 & 1 \\ 0 & 0 & 0 & 4 \end{pmatrix}$$

6.4 抽象代数学の手法による Jordan 標準形の導出

$\mathbb{K}[x]$–加群の理論を用いた Jordan 標準形の導出の鍵となるのは次の命題で与える短完全系列である。この短完全系列を $A \in \mathrm{Mat}(n, n, \mathbb{K})$ の定める $\mathbb{K}[x]$–加群の自由分解と呼ぶ。

命題 6.2 $\mathbb{K}$ を体、$\mathbb{K}^n$ を $A \in \mathrm{Mat}(n, n, \mathbb{K})$ が定める $\mathbb{K}[x]$–加群とする。$f : \mathbb{K}[x]^n \to \mathbb{K}[x]^n$ を $xE - A$ 倍写像で定め、$g : \mathbb{K}[x]^n \to \mathbb{K}^n$ を

$$\begin{pmatrix} c_1(x) \\ \vdots \\ c_n(x) \end{pmatrix} \mapsto c_1(A)e_1 + \cdots + c_n(A)e_n$$

で定めると、$0 \longrightarrow \mathbb{K}[x]^n \xrightarrow{f} \mathbb{K}[x]^n \xrightarrow{g} \mathbb{K}^n \longrightarrow 0$ は $\mathbb{K}[x]$–加群の短完全系列である。

証明 f が $\mathbb{K}[x]$–加群準同型であることは明らかで、

$$x \begin{pmatrix} c_1(x) \\ \vdots \\ c_n(x) \end{pmatrix} \mapsto Ac_1(A)e_1 + \cdots + Ac_n(A)e_n = x\,(c_1(A)e_1 + \cdots + c_n(A)e_n)$$

より g も $\mathbb{K}[x]$–加群準同型である。$\det(xE - A) \neq 0$ より f は単射で、$g(\mathbb{K}^n) = \mathbb{K}^n$ より g は全射である。また、A の第 i 列を $a_i \in \mathbb{K}^n$ とすると $(xE - A)e_i = xe_i - a_i$ $(1 \leq i \leq n)$ に対し

$$g(xe_i - a_i) = Ae_i - a_i = 0$$

だから $\mathrm{Im}(f) \subseteq \mathrm{Ker}(g)$ を得る。

$$\begin{pmatrix} c_1(x) \\ \vdots \\ c_n(x) \end{pmatrix} = c_1(x)e_1 + \cdots + c_n(x)e_n \in \mathrm{Ker}(g)$$

とする。このとき、$c_1(A)e_1 + \cdots + c_n(A)e_n = 0$ より

$$c_1(x)e_1 + \cdots + c_n(x)e_n = (c_1(x)E - c_1(A))\, e_1 + \cdots + (c_n(x)E - c_n(A))\, e_n$$

だから、$b(x) = b_m x^m + \cdots + b_0$ $(b_m, \cdots, b_0 \in \mathbb{K})$ に対し

$$b(x)E - b(A) = b_m(x^m E - A^m) + \cdots + b_1(xE - A)$$

$$x^k E - A^k = (xE - A)(x^{k-1}E + x^{k-2}A + \cdots + A^{k-1}) \qquad (1 \leq k \leq m)$$

に注意すれば $\mathrm{Ker}(g) \subseteq \mathrm{Im}(f)$ となり、$\mathrm{Im}(f) = \mathrm{Ker}(g)$ を得る。 □

基本行列の積 $P \in \mathrm{Mat}(m, m, \mathbb{K}[x])$, $Q \in \mathrm{Mat}(n, n, \mathbb{K}[x])$ を取り、$xE - A$ $(A \in \mathrm{Mat}(n, n, \mathbb{K}))$ の Smith 標準形を $P(xE - A)Q$ とすると

$$P(xE - A)Q = \begin{pmatrix} f_1 & 0 & \cdots & 0 \\ 0 & \ddots & \ddots & \vdots \\ \vdots & \ddots & \ddots & 0 \\ 0 & \cdots & 0 & f_n \end{pmatrix}$$

である。$f' : \mathbb{K}[x]^n \to \mathbb{K}[x]^n$ を $P(xE - A)Q$ 倍写像で定義すると可換図式

$$\begin{array}{ccc} \mathbb{K}[x]^n & \xrightarrow{f} & \mathbb{K}[x]^n \\ \downarrow p & \circlearrowright & \downarrow q \\ \mathbb{K}[x]^n & \xrightarrow{f'} & \mathbb{K}[x]^n \end{array}$$

が成り立つ。ただし、$p(v) = Q^{-1}v$, $q(v) = Pv$ は $\mathbb{K}[x]$–加群同型である。

命題 6.2 より A から定まる $\mathbb{K}[x]$–加群は $\mathrm{Cok}(f) = \mathbb{K}[x]^n/\mathrm{Im}(f)$ に同型だから、可換図式から定まる $\mathbb{K}[x]$–加群同型 $\mathrm{Cok}(f) \simeq \mathrm{Cok}(f')$ と合成すれば、A から定まる $\mathbb{K}[x]$–加群は

$$\mathrm{Cok}(f') \simeq \mathbb{K}[x]/(f_1) \times \cdots \times \mathbb{K}[x]/(f_n)$$

に同型である。さらに $\mathbb{K} = \mathbb{C}$ と仮定すると、$f_1, \cdots, f_n$ は一次式の積に因数分解されるから、中国剰余定理より $\mathrm{Cok}(f')$ は $\mathbb{C}[x]/(x-\lambda)^d$ ($\lambda \in \mathbb{C}$, $d \in \mathbb{N}$) の形の $\mathbb{C}[x]$–加群の直積になる。

各 $\mathbb{C}[x]/(x-\lambda)^d$ に対し複素線形空間としての基底

$$v_1 = (x-\lambda)^{d-1} \bmod (x-\lambda)^d, \quad \cdots, \quad v_d = 1 \bmod (x-\lambda)^d$$

を取り、$\mathbb{C}^n$ との $\mathbb{C}$–加群同型を作る。x 倍写像のこの基底に関する行列表示は

$$xv_1 = \lambda v_1, \qquad xv_i = v_{i-1} + \lambda v_i \qquad (2 \le i \le d)$$

より Jordan 標準形だから、Jordan 標準形から定まる $\mathbb{C}[x]$–加群と A から定まる $\mathbb{C}[x]$–加群との $\mathbb{C}[x]$–加群同型が得られたことになる。

この $\mathbb{C}[x]$–加群同型を与える線形写像 $\mathbb{C}^n \to \mathbb{C}^n$ は可逆行列 $T \in \mathrm{Mat}(n, n, \mathbb{C})$ で与えられるから、$T^{-1}AT$ が Jordan 標準形になる。ゆえに Jordan 標準形の存在が示された。

$xE - A$ の単因子は A から決まるから、A の Jordan 標準形に現れる Jordan 細胞の重複度も A から決まり、重複度の一意性が成り立つ。ゆえに定理 6.2 を得る。以上の証明から次の命題も得られ、Jordan 標準形の計算法を与える。

命題 6.3 $A \in \mathrm{Mat}(n, n, \mathbb{C})$ に対し $xE - A$ の単因子 $f_1, \cdots, f_n$ が

$$f_i = (x - \lambda_{i1})^{d_{i1}} \cdots (x - \lambda_{is_i})^{d_{is_i}} \qquad (1 \leq i \leq n)$$

と因数分解するとき、$J_{d_{ij}}(\lambda_{ij})$ $(1 \leq i \leq n,\ 1 \leq j \leq s_i)$ が重複度を込めて A の Jordan 標準形に現れる Jordan 細胞である。

註 6.4　$A, B \in \mathrm{Mat}(m, n, \mathbb{C})$ に対し、可逆行列

$$P \in \mathrm{Mat}(m, m, \mathbb{C}), \qquad Q \in \mathrm{Mat}(n, n, \mathbb{C})$$

を用いて (PAQ, PBQ) を標準形に持っていく理論があり、Kronecker 標準形と呼ぶ。古典的な証明は $xA - B$ の変形によるもので、応用数学の教科書の名著 F. R. Gantmacher, *The Theory of Matrices* II（Chelsea Publishing Co., 1960）で紹介されている。古典的な証明と現代の Auslander–Reiten 理論による証明を比較すれば、その違いに大きな感銘を受けるであろう。ただし、現代理論を理解するためにはさらなる勉学が必要である。

註 6.5　命題 6.1 および命題 6.3 では Jordan 標準形を行列表示にもつ $\mathbb{C}^n$ の基底を求めないが、求めるときは広義固有空間 $V(\lambda)$ の基底を並べた行列 V と固有値 λ の Jordan 細胞を対角に並べた行列 J を用いた T に関する連立一次方程式 $AVT = VTJ$ を解いて解の中から可逆行列 T を選べばよい。

例 6.2　$A \in \mathrm{Mat}(4, 4, \mathbb{C})$ を例 6.1 と同じ行列

$$A = \begin{pmatrix} 2 & 0 & -4 & -4 \\ 0 & 4 & 2 & 3 \\ 2 & 0 & 8 & 4 \\ -1 & 0 & -2 & 2 \end{pmatrix}$$

とすると、$xE - A$ の Smith 標準形は

$$\begin{pmatrix} 1 & 0 & 0 & 0 \\ 0 & 1 & 0 & 0 \\ 0 & 0 & x-4 & 0 \\ 0 & 0 & 0 & (x-4)^3 \end{pmatrix}$$

である。ゆえに A が定める $\mathbb{C}[x]$–加群 $\mathbb{C}^4$ は

$$\mathbb{C}[x]/(x-4) \oplus \mathbb{C}[x]/((x-4)^3)$$

に同型であり、例 6.1 と同じ Jordan 標準形を得る。

6.5 抽象代数学の手法による Cayley–Hamilton の定理の証明

定理 6.3 $\mathbb{K}$ を体とし、$A \in \mathrm{Mat}(n,n,\mathbb{K})$ の固有多項式を

$$\det(xE-A) = x^n + a_1x^{n-1} + \cdots + a_n \qquad (a_1, \cdots, a_n \in \mathbb{K})$$

とすると、$A^n + a_1A^{n-1} + \cdots + a_nE = O$ である。

証明 A から定まる $\mathbb{K}[x]$–加群を $\mathbb{K}^n$ とし、命題 6.2 の自由分解を

$$0 \longrightarrow \mathbb{K}[x]^n \xrightarrow{f} \mathbb{K}[x]^n \xrightarrow{g} \mathbb{K}^n \longrightarrow 0$$

とする。$v \in \mathbb{K}^n$ に対し

$$u = \det(xE-A)v = (x^n + a_1x^{n-1} + \cdots + a_n)v \in \mathbb{K}[x]^n$$

と置くと、逆行列の公式より

$$\det(xE-A)(xE-A)^{-1} \in \mathrm{Mat}(n,n,\mathbb{K}[x])$$

だから、$w = \det(xE-A)(xE-A)^{-1}v \in \mathbb{K}[x]^n$ かつ

$$f(w) = (xE-A)\det(xE-A)(xE-A)^{-1}v = u$$

となる。とくに $g(u) = gf(w) = 0$ を得る。$v \in \mathbb{K}^n$ は任意で

$$g(u) = (A^n + a_1A^{n-1} + \cdots + a_nE)v$$

だから、$A^n + a_1A^{n-1} + \cdots + a_nE = O$ が示された。 □

6.6 Sylvester 方程式

$\mathbb{K}$ を体とする。$A \in \mathrm{Mat}(m,m,\mathbb{K})$, $B \in \mathrm{Mat}(n,n,\mathbb{K})$, $C \in \mathrm{Mat}(m,n,\mathbb{K})$ が与えられたとき変数 $X \in \mathrm{Mat}(m,n,\mathbb{K})$ に関する連立一次方程式

$$AX - XB = C$$

を Sylvester 方程式と呼ぶ。

定理 6.4　$\mathbb{K}$ を体、$A \in \mathrm{Mat}(m,m,\mathbb{K})$, $B \in \mathrm{Mat}(n,n,\mathbb{K})$ とするとき、Sylvester 方程式 $AX - XB = C$ が任意の $C \in \mathrm{Mat}(m,n,\mathbb{K})$ に対して解をもつための条件は $\gcd(\det(xE - A), \det(xE - B)) = 1$ である。

証明　$\mathbb{K}^m$ を A が定める $\mathbb{K}[x]$–加群、$\mathbb{K}^n$ を B が定める $\mathbb{K}[x]$–加群とする。線形写像 $F : \mathrm{Hom}_{\mathbb{K}}(\mathbb{K}^n, \mathbb{K}^m) \to \mathrm{Hom}_{\mathbb{K}}(\mathbb{K}^n, \mathbb{K}^m)$ を $X \mapsto AX - XB$ と定義すると $\mathrm{Ker}(F) = \mathrm{Hom}_{\mathbb{K}[x]}(\mathbb{K}^n, \mathbb{K}^m)$ だから、

$$\mathrm{Hom}_{\mathbb{K}}(\mathbb{K}^n, \mathbb{K}^m) / \mathrm{Hom}_{\mathbb{K}[x]}(\mathbb{K}^n, \mathbb{K}^m) \simeq \mathrm{Im}(F) \subseteq \mathrm{Hom}_{\mathbb{K}}(\mathbb{K}^n, \mathbb{K}^m)$$

であり、次元を比較すれば F が全射になることは $\mathrm{Hom}_{\mathbb{K}[x]}(\mathbb{K}^n, \mathbb{K}^m) = 0$ と同値である。$f(x), g(x) \in \mathbb{K}[x]$ を既約多項式とするとき、$a, b \in \mathbb{N}$ に対し

$$\mathrm{Hom}_{\mathbb{K}[x]}(\mathbb{K}[x]/(f^a), \mathbb{K}[x]/(g^b)) \simeq \{u \in \mathbb{K}[x]/(g^b) \mid f(x)^a u = 0\}$$

であり、$f(x) \neq g(x)$ ならば $\gcd(f^a, g^b) = 1$ になることに注意すれば

$$\{u \in \mathbb{K}[x]/(g^b) \mid f(x)^a u = 0\} = \begin{cases} 0 & (f(x) \neq g(x)) \\ \mathbb{K}[x]/(f^b) & (f(x) = g(x),\ a \geq b) \\ (f^{b-a})/(f^b) & (f(x) = g(x),\ a < b) \end{cases}$$

である。$\mathbb{K}^n, \mathbb{K}^m$ は $xE - B, xE - A$ の単因子から定まる $\mathbb{K}[x]/(f^a), \mathbb{K}[x]/(g^b)$ の形の $\mathbb{K}[x]$–加群の直和に同型で、$\mathrm{Hom}_{\mathbb{K}[x]}(\mathbb{K}^n, \mathbb{K}^m)$ はこれらの直和因子に対する $\mathrm{Hom}_{\mathbb{K}[x]}(\mathbb{K}[x]/(f^a), \mathbb{K}[x]/(g^b))$ の直積ゆえ、$\mathrm{Hom}_{\mathbb{K}[x]}(\mathbb{K}^n, \mathbb{K}^m) = 0$ は $\det(xE - A)$ と $\det(xE - B)$ が互いに素になることと同値である。　□

章末問題

1 有限加法群 $\mathbb{Z}/(2) \times \mathbb{Z}/(6)$ の部分群をすべて求めよ。

2 p を素数とする。$\mathbb{F}_p = \mathbb{Z}/(p)$ が体になることを用いて次の問に答えよ。

(i) 加法群 $G = \mathbb{F}_p^n$ の部分群 H が $|H| = p$ をみたすことと H が $\mathbb{F}_p$ 上の線形空間 $\mathbb{F}_p^n$ の 1 次元部分空間であることが同値であることを示せ。

(ii) $v, w \in \mathbb{F}_p^n$ が同じ部分群 $\mathbb{F}_p v = \mathbb{F}_p w \subseteq G = \mathbb{F}_p^n$ を与えることと v が w の非零定数倍であることが同値であることを用いて、加法群 $G = \mathbb{F}_p^n$ の部分群 H で $|H| = p$ をみたすものの個数が

$$\frac{p^n - 1}{p - 1}$$

であることを示せ。

(iii) 加法群 $G = \mathbb{F}_p^n$ の部分群 H が $|H| = p^2$ をみたすことと H が $\mathbb{F}_p$ 上の線形空間 $\mathbb{F}_p^n$ の 2 次元部分空間であることが同値であることを示せ。

(iv) $\{v_1, v_2\} \subseteq \mathbb{F}_p^n$ が一次独立で、$\{w_1, w_2\} \subseteq \mathbb{F}_p^n$ も一次独立とする。

$$\mathbb{F}_p v_1 + \mathbb{F}_p v_2 = \mathbb{F}_p w_1 + \mathbb{F}_p w_2$$

になることと

$$(v_1, v_2) = (w_1, w_2) \begin{pmatrix} a & b \\ c & d \end{pmatrix} \qquad (a, b, c, d \in \mathbb{F}_p,\ ad - bc \neq 0)$$

をみたす a, b, c, d が存在することが同値になることを示せ。

(v) $\mathrm{GL}(2, p)$ を

$$\mathrm{GL}(2, p) = \left\{ \begin{pmatrix} a & b \\ c & d \end{pmatrix} \middle| \ a, b, c, d \in \mathbb{F}_p,\ ad - bc \neq 0 \right\}$$

により定めるとき、$|\mathrm{GL}(2,p)| = (p^2-1)(p^2-p)$ を示せ。

(vi) $|H| = p^2$ をみたす加法群 $G = \mathbb{F}_p^n$ の部分群の個数が

$$\frac{(p^n-1)(p^n-p)}{(p^2-1)(p^2-p)}$$

になることを示せ。

(vii) $1 \leq r \leq n$ に対し、$|H| = p^r$ をみたす加法群 $G = \mathbb{F}_p^n$ の部分群の個数を与える公式を求めよ。

3 素数 p と自然数列 $\lambda_1 \geq \lambda_2 \geq \cdots \geq \lambda_m$ から定まる加法群を

$$G = \mathbb{Z}/(p^{\lambda_1}) \times \mathbb{Z}/(p^{\lambda_2}) \times \cdots \times \mathbb{Z}/(p^{\lambda_m})$$

とする。また、$\lambda_r \geq 2, \lambda_{r+1} = \cdots = \lambda_m = 1$ とする。次の問に答えよ。

(i) H を $|H| = p$ をみたす G の部分群とする。単位元 0 と異なる H の要素が生成する H の部分群を H' とするとき、商群 H/H' を考えることにより $|H| = |H'||H/H'|$ および $H' = H$ を示せ。

(ii) H を $|H| = p$ をみたす G の部分群とする。$0 \neq g \in H$ に対し

$$s = \min\{k \in \mathbb{N} \mid kg = 0\}$$

と置くとき、$s = p$ であることを示せ。

(iii) H を $|H| = p^2$ をみたす G の部分群とする。$pg \neq 0$ となる $g \in H$ が存在するならば $p^2 g = 0$ かつ

$$H = \{0, g, 2g, \cdots, (p^2-1)g\} \simeq \mathbb{Z}/(p^2)$$

となることを示せ。

(iv) H を G の部分群とする。すべての $g \in H$ に対し $pg = 0$ のとき、

$$H \subseteq (p^{\lambda_1 - 1})/(p^{\lambda_1}) \times \cdots \times (p^{\lambda_m - 1})/(p^{\lambda_m}) \subseteq G$$

であることを用いて H が $\mathbb{Z}/(p)$ の直積群であることを示せ。

(v) $|H| = p$ をみたす G の部分群の個数を求めよ。

(vi) H を $|H| = p^2$ をみたす G の部分群とする。$pg \neq 0$ となる

$$g = (g_1, \cdots, g_m) \in H$$

が存在するならば、ある $1 \leq i \leq r$ に対し G の第 i 成分への射影が群同型 $H \simeq \mathbb{Z}/(p^2)$ を与えることを示せ。とくに

$$pg_1 = 0 \mod p^{\lambda_1}, \quad \cdots, \quad pg_{i-1} = 0 \mod p^{\lambda_{i-1}}, \quad g_i = 1 \mod p^{\lambda_i}$$

となる $g \in H$ が存在して $H = \{0, g, \cdots, (p^2-1)g\}$ となる。

(vii) $H \simeq \mathbb{Z}/(p^2)$ となる G の部分群の個数を求めよ。

(viii) $H \simeq \mathbb{Z}/(p) \times \mathbb{Z}/(p)$ となる G の部分群の個数を求めよ。

(ix) $|H| = p^2$ となる G の部分群の個数を求めよ。

4 次の行列に対し Jordan 標準形を単因子の方法で求めよ。

$$A = \begin{pmatrix} 0 & 8 & -9 \\ 1 & 11 & -13 \\ 1 & 8 & -10 \end{pmatrix}$$

5 $A \in \mathrm{Mat}(4, 4, \mathbb{R})$ に対し $xE - A$ の単因子が $1, x-1, x^3-1 \in \mathbb{R}[x]$ になったとする。このとき、可逆行列 $T \in \mathrm{Mat}(4, 4, \mathbb{R})$ が存在して

$$T^{-1}AT = \begin{pmatrix} 1 & 0 & 0 & 0 \\ 0 & 1 & 0 & 0 \\ 0 & 0 & 0 & -1 \\ 0 & 0 & 1 & -1 \end{pmatrix}$$

となることを示せ。また、さらに T を取り換えることで

$$T^{-1}AT = \begin{pmatrix} 1 & 0 & 0 & 0 \\ 0 & 1 & 0 & 0 \\ 0 & 0 & -1/2 & -\sqrt{3}/2 \\ 0 & 0 & \sqrt{3}/2 & -1/2 \end{pmatrix}$$

とできることを示せ。

6 $A \in \mathrm{Mat}(3,3,\mathbb{R})$ とする。次の問に答えよ。

(i) 相異なる実数 $a, b, c \in \mathbb{R}$ に対し

$$\det(xE - A) = (x-a)(x-b)(x-c)$$

となるならば、可逆行列 $T \in \mathrm{Mat}(n,n,\mathbb{R})$ が存在して

$$T^{-1}AT = \begin{pmatrix} a & 0 & 0 \\ 0 & b & 0 \\ 0 & 0 & c \end{pmatrix}$$

となることを示せ。

(ii) 相異なる実数 $a, b \in \mathbb{R}$ に対し

$$\det(xE - A) = (x-a)^2(x-b)$$

となるならば、可逆行列 $T \in \mathrm{Mat}(n,n,\mathbb{R})$ が存在して次のどちらかにできることを示せ。

$$T^{-1}AT = \begin{pmatrix} a & 0 & 0 \\ 0 & a & 0 \\ 0 & 0 & b \end{pmatrix}, \quad \begin{pmatrix} a & 1 & 0 \\ 0 & a & 0 \\ 0 & 0 & b \end{pmatrix}$$

(iii) $a \in \mathbb{R}$ に対し $\det(xE - A) = (x-a)^3$ となるならば、可逆行列 $T \in \mathrm{Mat}(n,n,\mathbb{R})$ が存在して次のどれかにできることを示せ。

$$T^{-1}AT = \begin{pmatrix} a & 0 & 0 \\ 0 & a & 0 \\ 0 & 0 & a \end{pmatrix}, \quad \begin{pmatrix} a & 1 & 0 \\ 0 & a & 0 \\ 0 & 0 & a \end{pmatrix}, \quad \begin{pmatrix} a & 1 & 0 \\ 0 & a & 1 \\ 0 & 0 & a \end{pmatrix}$$

(iv) それ以外のときは実数 $a, b \in \mathbb{R}$ と $0 \neq c \in \mathbb{R}$ が存在して

$$\det(xE - A) = (x-a)(x^2 - 2bx + b^2 + c^2)$$

となり、可逆行列 $T \in \mathrm{Mat}(n,n,\mathbb{R})$ が存在して

$$T^{-1}AT = \begin{pmatrix} a & 0 & 0 \\ 0 & b & -c \\ 0 & c & b \end{pmatrix}$$

とできることを示せ。

7 $\mathbb{K}$ を体、$A \in \mathrm{Mat}(m, m, \mathbb{K})$, $B \in \mathrm{Mat}(n, n, \mathbb{K})$ とするとき、Sylvester 方程式 $AX - XB = C$ が任意の $C \in \mathrm{Mat}(m, n, \mathbb{K})$ に対して解をもつならば各 C に対し解はただひとつであることを示せ。

8 $\mathbb{K} = \mathbb{R}, \mathbb{C}$ とする。$A \in \mathrm{Mat}(n, n, \mathbb{K})$ と対称行列 $Q \in \mathrm{Mat}(n, n, \mathbb{K})$ から得られる変数 $X \in \mathrm{Mat}(n, n, \mathbb{K})$ に関する連立一次方程式

$${}^tAX + XA + Q = O$$

を Lyapunov 方程式と呼ぶ。線形写像

$$F : \mathrm{Mat}(n, n, \mathbb{K}) \longrightarrow \mathrm{Mat}(n, n, \mathbb{K})$$

を $X \mapsto {}^tAX + XA$ と定義するとき、次の問に答えよ。

(i) $\mathrm{Ker}(F)$ が零行列以外の対称行列を含まないならば Lyapunov 方程式が任意の対称行列 Q に対し解をもつことを示せ。

(ii) $\mathrm{Ker}(F) \neq 0$ ならば $\mathrm{Ker}(F)$ が零行列以外の対称行列を含むことを示せ。

(iii) Lyapunov 方程式が任意の対称行列 Q に対し解をただひとつもつための条件を求めよ。このとき解が対称行列になることを示せ。

註 6.6 $A \in \mathrm{Mat}(n, n, \mathbb{R})$ とし、A のすべての固有値の実部が負とする。このとき次の積分が収束し Lyapunov 方程式の解になる。

$$X = \int_0^\infty e^{{}^tAt} Q e^{At} dt$$

とくに、Q が正定対称行列、すなわち任意の $x \in \mathbb{R}^n$ に対し ${}^txQx \geq 0$ で等号成立が $x = 0$ に限るならば、Lyapunov 方程式の解がただひとつ存在して正定対称行列とわかり、$\dot{x} = Ax$ の Lyapunov 関数を与える。

抽象代数学は線形代数学の発展形であるが、もうひとつの発展形として関数解析学がある。たとえば代数学に分類される代数幾何学もかならずしも純代数的手法でのみ研究されるわけではない。代数を志す場合でも幾何・解析・応用数理の基礎に少しだけ触れておきたいものである。

第7章

可換群から非可換群へ

7.1 部分群と商群

環上の加群を定義するために加法群を導入した。可換とは限らない一般の群に少しだけ触れて終わりとしよう。まず群と群準同型の定義を再掲する。

定義 7.1 2項演算 $m : G \times G \to G$ が与えられている集合 G が次の条件をみたすとき群と呼ぶ。ただし、$m(x, y)$ を xy と略記する。

(1) 結合法則 $(ab)c = a(bc)$ $(a, b, c \in G)$ が成り立つ。
(2) 単位元 $e \in G$ が存在する。すなわち、$ea = ae = a$ $(a \in G)$ である。
(3) 任意の元 $a \in G$ に対し逆元 a^{-1} が存在する。すなわち、$a^{-1} \in G$ は

$$aa^{-1} = a^{-1}a = e \qquad (a \in G)$$

をみたす。

可換でない群の例として対称群 S_n を挙げたが、他にも行列の積を用いた種々の例がある。また、幾何学の講義でも多くの非可換群に出会うことになる。

例 7.1 $\mathbb{K}$ を体とするとき、

$$\mathrm{GL}(n, \mathbb{K}) = \{g \in \mathrm{Mat}(n, n, \mathbb{K}) \mid \det(g) \neq 0\},$$

$$\mathrm{SL}(n, \mathbb{K}) = \{g \in \mathrm{Mat}(n, n, \mathbb{K}) \mid \det(g) = 1\},$$

$$\mathrm{O}(n, \mathbb{K}) = \{g \in \mathrm{Mat}(n, n, \mathbb{K}) \mid {}^t g g = E\},$$

$$\mathrm{SO}(n,\mathbb{K}) = \{g \in \mathrm{Mat}(n,n,\mathbb{K}) \mid {}^t g g = E,\ \det(g) = 1\}$$

は行列の積により群である。$\mathbb{K}$ が有限体ならばこれらの群は有限群である。

例 7.2　$\mathrm{GL}(n,\mathbb{Z}) = \{P \in \mathrm{Mat}(n,n,\mathbb{Z}) \mid \det(P) = \pm 1\}$ と定義すると、$\mathrm{GL}(n,\mathbb{Z})$ は行列の積により群である。

例 7.3　$\mathbb{K}$ を体とする。

$$\mathrm{GL}(n,\mathbb{K}[x]) = \{P \in \mathrm{Mat}(n,n,\mathbb{K}[x]) \mid 0 \neq \det(P) \in \mathbb{K}\}$$

と定義すると、$\mathrm{GL}(n,\mathbb{K}[x])$ は行列の積により群である。

例 7.4　G, H を群とする。このとき、直積集合 $G \times H$ は積を成分ごとの積

$$(g_1,h_1)(g_2,h_2) = (g_1g_2, h_1h_2) \qquad (g_1, g_2 \in G, h_1, h_2 \in H)$$

と定めることにより群である。この群を G と H の直積群と呼ぶ。

定義 7.2　G, H を群とする。写像 $f : H \to G$ が

$$f(xy) = f(x)f(y) \qquad (x, y \in H)$$

をみたすとき群準同型と呼ぶ。f が全単射準同型のとき群同型と呼ぶ。

例 7.5　線形代数では $A, B \in \mathrm{Mat}(n,n,\mathbb{C})$ に対し

$$\det(AB) = \det(A)\det(B)$$

が成り立つことを学んだ。つまり、$g \mapsto \det(g)$ は群準同型 $\mathrm{GL}(n,\mathbb{C}) \to \mathbb{C}^\times$ を与える。ただし、$\mathbb{C}^\times = \mathrm{GL}(1,\mathbb{C})$ である。より一般に R を可換環とするとき、

$$\mathrm{GL}(n,R) = \{g \in \mathrm{Mat}(n,n,R) \mid \det(g) \text{ は } R \text{ で可逆 }\}$$

は行列の積により群であり、$g \mapsto \det(g)$ は群準同型 $\mathrm{GL}(n,R) \to \mathrm{GL}(1,R)$ を与える。

註 7.1　行列式を定義通り計算すると $n!$ 個の単項式の計算に計 $(n-1)n!$ 回の乗法、その後の和に $n!-1$ 回の加法または減法が必要だが、線形代数で

学んだように基本変形を用いれば n^3 程度の計算量で済む。ただし、この計算は除法を使う必要がある。R が体ならば同じ計算法で R 成分正方行列の行列式を求めることができる。また、R が環であっても体の部分環ならば体の中で計算すればよい。体に含まれていない一般の可換環の場合にどうするかであるが、除法を使わない計算法が知られており、この場合にも定義通りに計算する必要はない。

例 7.6 $i = \sqrt{-1}$ を虚数単位とする。$x_{kl}, y_{kl} \in \mathbb{R}$ $(1 \leq k, l \leq 2)$ とし、

$$A = \begin{pmatrix} x_{11} + y_{11}i & x_{12} + y_{12}i \\ x_{21} + y_{21}i & x_{22} + y_{22}i \end{pmatrix} \in \mathrm{Mat}(2, 2, \mathbb{C})$$

の共役行列を

$$A^* = \begin{pmatrix} x_{11} - y_{11}i & x_{21} - y_{21}i \\ x_{12} - y_{12}i & x_{22} - y_{22}i \end{pmatrix} \in \mathrm{Mat}(2, 2, \mathbb{C})$$

と定める。このとき、$E \in \mathrm{Mat}(2, 2, \mathbb{C})$ を単位行列として

$$\mathrm{SU}(2) = \{g \in \mathrm{Mat}(2, 2, \mathbb{C}) \mid g^* g = E,\ \det(g) = 1\}$$

は行列の積により群である。$\mathbb{R}^3$ を

$$\mathfrak{su}(2) = \left\{ \begin{pmatrix} zi & x + yi \\ -x + yi & -zi \end{pmatrix} \in \mathrm{Mat}(2, 2, \mathbb{C}) \,\middle|\, x, y, z \in \mathbb{R} \right\}$$

$$= \{X \in \mathrm{Mat}(2, 2, \mathbb{C}) \mid X^* + X = 0,\ \mathrm{Tr}(X) = 0\}$$

と同一視する。$\mathrm{Tr}(gXg^{-1}) = \mathrm{Tr}(X)$ と $(gXg^*)^* = gX^*g^*$ に注意すれば、$g \in \mathrm{SU}(2)$ に対し $X \in \mathfrak{su}(2) \mapsto gXg^{-1} = gXg^* \in \mathfrak{su}(2)$ となるから、$\mathrm{SU}(2)$ の要素は $\mathbb{R}^3$ の直交変換を定める。具体的に計算するとこの直交変換の行列式の値が 1 になるので群準同型 $\mathrm{SU}(2) \to \mathrm{SO}(3, \mathbb{R})$ が得られる。

定義 7.3 G, H を群とする。群準同型 $f : G \to H$ に対し

$$\mathrm{Ker}(f) = \{g \in G \mid f(g) = e\}, \qquad \mathrm{Im}(f) = \{f(g) \in H \mid g \in G\}$$

と定める。

定義 7.4　G, H を群とする。群準同型 $f : G \to H$ と $g : H \to G$ が存在して互いに逆写像になっているとき、つまり群同型 $f : G \to H$ または群同型 $g : H \to G$ が存在するとき、G と H は同型な群であるという。

定義 7.5　G を群とする。G の部分集合 H が次の条件をみたすとき、H を G の部分群と呼ぶ。

(i) $e \in H$,
(ii) $x, y \in H$ なら $xy \in H$,
(iii) $x \in H$ なら $x^{-1} \in H$.

註 7.2　加法群は $\mathbb{Z}$–加群に他ならないので、$\mathbb{Z}$–部分加群の定義と比較すると、加法群の場合の (iii) は $\mathbb{Z}$ 倍の公理として現れる。

補題 7.1　G, H を群とする。群準同型 $f : G \to H$ に対し次が成立する。

(1) K が H の部分群ならば $f^{-1}(K) = \{g \in G \mid f(g) \in K\}$ は G の部分群である。とくに、$\mathrm{Ker}(f)$ は G の部分群である。
(2) K が G の部分群ならば $f(K) = \{f(g) \in H \mid g \in K\}$ は H の部分群である。とくに、$\mathrm{Im}(f)$ は H の部分群である。
(3) $g \in G, h \in \mathrm{Ker}(f)$ に対し $ghg^{-1} \in \mathrm{Ker}(f)$ である。

例 7.7　G を群とする。このとき $Z(G) = \{g \in G \mid gh = hg \ (\forall h \in G)\}$ は G の部分群であり、G の中心と呼ぶ。

例 7.8　G を群、$H \subseteq G$ を部分群とする。

(1) H の正規化部分群

$$N_G(H) = \{g \in G \mid ghg^{-1} \in H \ (\forall h \in H)\}$$

は H を含む G の部分群である。

(2) H の中心化部分群

$$Z_G(H) = \{g \in G \mid ghg^{-1} = h \ (\forall h \in H)\}$$

は G の部分群である。このとき、

$$HZ_G(H) = \{hg \in G \mid h \in H,\ g \in Z_G(H)\}$$

は H を含む G の部分群になる。

例 7.9 加法群 $\mathbb{Z}/(n)$ と $\mathrm{GL}(1, \mathbb{C})$ の部分群 $\mu_n = \{z \in \mathbb{C} \mid z^n = 1\}$ は

$$f(x \bmod n) = \exp(2\pi\sqrt{-1}x/n)$$

により同型な加法群である。

例 7.10 2 次元ユークリッド空間 $\mathbb{R}^2$ の n 個の点 P_k $(0 \leq k \leq n-1)$ を

$$P_k = (\cos(2\pi k/n), \sin(2\pi k/n))$$

とし、隣同士の点を結んで得られる正 n 角形を $T(n)$ とする。このとき $T(n)$ を保つ直交変換全体 $D_n = \{g \in \mathrm{O}(2, \mathbb{R}) \mid gT(n) = T(n)\}$ を二面体群と呼ぶ。

例 7.11 集合 $\mathbb{Z}/(n) \times \mu_2$ に積を $(a, \epsilon)(b, \delta) = (a + \epsilon b, \epsilon\delta)$ と定義すると二面体群 D_n と同型な群になる。

例 7.12 $n = 4, 6, 8, 12, 20$ に対し、重心を 3 次元ユークリッド空間 $\mathbb{R}^3$ の原点においた正 n 面体を $\varDelta(n)$ とする。このとき $\mathrm{SO}(3, \mathbb{R})$ の有限部分群

$$P(n) = \{g \in \mathrm{SO}(3, \mathbb{R}) \mid g\varDelta(n) = \varDelta(n)\}$$

を正多面体群と呼ぶ。立方体の各面の重心を頂点とする正八面体を作ることができ、逆に正八面体の各面の重心を頂点とする立方体を作ることができるから $P(6) = P(8)$ であり、同様に考えれば $P(12) = P(20)$ を得る。さらに、例 7.6 の群準同型 $\mathrm{SU}(2) \to \mathrm{SO}(3, \mathbb{R})$ による逆像は $\mathrm{SU}(2)$ の有限部分群で、$\langle 2, 3, 3\rangle, \langle 2, 3, 4\rangle, \langle 2, 3, 5\rangle$ と書く。数字の意味は群の生成元と基本関係による表示を学べばわかる。

例 7.13 正多面体群に対しては次の群同型が知られている。

$$P(4) \simeq A_4 = \{\sigma \in S_4 \mid \mathrm{sgn}(\sigma) = 1\}, \qquad P(6) \simeq S_4$$
$$P(12) \simeq A_5 = \{\sigma \in S_5 \mid \mathrm{sgn}(\sigma) = 1\}$$

加法群の場合、部分加群があれば商加群が定義できた。他方一般の群の場合はつねに商群が定義できるとは限らない。

定義 7.6 群 G の部分群 H が正規部分群であるとは、$g \in G,\ h \in H$ に対し $ghg^{-1} \in H$ であるときをいう。このとき $H \triangleleft G$ と書く。

補題 7.2 群 G の部分群 H が正規部分群とする。

$$gH = \{gh \in G \mid h \in H\} \qquad (g \in G)$$

の形の部分集合を要素とする集合を

$$G/H = \{gH \mid g \in G\}$$

とする。このとき、$m : G/H \times G/H \to G/H$ を

$$m(xH, yH) = xyH \qquad (x, y \in G)$$

により矛盾なく定義でき、G/H は $eH = H$ を単位元とする群になる。

証明 積写像が定義されるためには、任意の $h \in H$ に対し $xhyH = xyH$ を示せばよいが、$xhy = xy(y^{-1}hy)$ だから $y^{-1}hy \in H$ より $y^{-1}hyH = H$ である。積写像が定義できれば群の公理をみたすことはほぼ自明である。 □

註 7.3 $g \in G$ に対し、写像 $H \to H$ を $h \mapsto ghg^{-1}$ と定めると全単射になるので、$\{ghg^{-1} \in G \mid h \in H\} = H$ となる。ゆえに H が G の正規部分群ならば次の G の部分集合の一致が成り立つ。

$$gH = \{gh \in G \mid h \in H\} = \{ghg^{-1}g \in G \mid h \in H\} = Hg$$

例 7.14 G を群、$H \subseteq G$ を部分群とすると、H は $N_G(H)$ の正規部分群であり、商群 $N_G(H)/H$ が定義できる。

定義 7.7 F, G, H を群とする。

(i) $f : F \to G$ が単射群準同型、

(ii) $g : G \to H$ が全射群準同型、

(iii) $\mathrm{Ker}(g) = \mathrm{Im}(f)$

をみたすとき $1 \longrightarrow F \xrightarrow{f} G \xrightarrow{g} H \longrightarrow 1$ と書き、短完全系列と呼ぶ。

例 7.15 G を群、H を G の正規部分群とする。このとき短完全系列

$$1 \longrightarrow H \xrightarrow{\iota} G \xrightarrow{\pi} G/H \longrightarrow 1$$

を得る。ただし、$\iota(h) = h\ (h \in H)$, $\pi(g) = gH\ (g \in G)$ である。

例 7.16 R を可換環、$\mathrm{SL}(n, R) = \{g \in \mathrm{GL}(n, R) \mid \det(g) = 1\}$ とすると、次の短完全系列を得る。

$$1 \longrightarrow \mathrm{SL}(n, R) \xrightarrow{\iota} \mathrm{GL}(n, R) \xrightarrow{\det} \mathrm{GL}(1, R) \longrightarrow 1$$

註 7.4 群の基礎に関する本格的な講義では、剰余類分解、準同型定理、Sylow の定理、可解群、冪零群、群の生成元と基本関係による表示、といった内容を学ぶことになる。時間の余裕があれば有限群の指標理論も学ぶであろう。

7.2 群作用

環は加群に作用したが、群は集合に作用する。

定義 7.8 G を群、X を集合とする。写像 $a : G \times X \to X$ が与えられていて $a(g, x)$ を gx と略記するとき、

(a) $(gh)x = g(hx)\ (g, h \in G,\ x \in X)$,

(b) $ex = x\ (x \in X)$

をみたすならば、G が X に作用するという。各 $x \in X$ に対し X の部分集合 $Gx = \{gx \in X \mid g \in G\}$ を x を通る G–軌道と呼ぶ。

$$\mathrm{Stab}_G(x) = \{g \in G \mid gx = x\}$$

は G の部分群であり、$x \in X$ の固定化部分群と呼ぶ。$H = \mathrm{Stab}_G(x)$ と置くと、$gH \mapsto gx$ は集合の全単射 $G/H \simeq Gx$ を与える。

例 7.17 $n \in \mathbb{N}$ に対し、$X = \{1, 2, \cdots, n\}$ と置けば対称群 S_n が

$$S_n \times X \to X : (\sigma, i) \mapsto \sigma(i) \qquad (1 \leq i \leq n)$$

により X に作用する。各 $i \in X$ に対し i を通る S_n–軌道は X である。n の固定化部分群は S_{n-1} と同一視できる。

註 7.5 $\{X_{ij}\}_{1 \leq i,j \leq n}$ を変数とする多項式 $\det(X)$ を考える。(i, j) 成分を $\{X_{ij}\}_{1 \leq i,j \leq n}$ の斉一次式で置き換える操作を $\mathrm{Mat}(n^2, n^2, \mathbb{C})$ の要素と思うと可逆な操作の全体は群 $\mathrm{GL}(n^2, \mathbb{C})$ を与える。Frobenius は指標理論の論文の中で行列式 $\det(X)$ の固定化部分群が

$$\{X \mapsto PXQ,\ X \mapsto P^tXQ \mid P, Q \in \mathrm{GL}(n, \mathbb{C}),\ \det(P)\det(Q) = 1\}$$

であることを示した。このことから、線形代数で学ぶ行列式の値の計算方法は行列式の固定化部分群の説明に他ならないことがわかる。

註 7.6 体論の講義で Galois 理論を学ぶと、方程式の解の集合に Galois 群が作用する設定に出会うことになる。

例 7.18 $S^2 \subseteq \mathbb{R}^3$ を原点中心半径 1 の単位球面とすると、$g \in \mathrm{SO}(3, \mathbb{R})$ に対し $x \in S^2 \mapsto gx \in S^2$ となり、$\mathrm{SO}(3, \mathbb{R})$ は S^2 に作用する。

例 7.19 $\mathcal{H} = \{z = x + yi \in \mathbb{C} \mid x, y \in \mathbb{R},\ y > 0\}$ とすると、

$$g = \begin{pmatrix} a & b \\ c & d \end{pmatrix} \in \mathrm{SL}(2, \mathbb{R})$$

に対し $z \in \mathcal{H} \mapsto gz = \dfrac{az + b}{cz + d} \in \mathcal{H}$ となり、$\mathrm{SL}(2, \mathbb{R})$ は $\mathcal{H}$ に作用する。

例 7.20 $\mathbb{K}$ を体とする。$G = \mathrm{GL}(m, \mathbb{K})$, $X = \mathrm{Mat}(m, n, \mathbb{K})$ とすれば

$$G \times X \longrightarrow X : (P, A) \mapsto PA$$

により $\mathrm{GL}(m,\mathbb{K})$ は $\mathrm{Mat}(m,n,\mathbb{K})$ に作用する。$P \in \mathrm{GL}(m,\mathbb{K})$ は可逆行列なので P の簡約形は単位行列 E である。つまり $\mathrm{GL}(m,\mathbb{K})$ の要素はすべて基本行列の積で得られるから、$A \in \mathrm{Mat}(m,n,\mathbb{K})$ に行基本変形を施して得られる行列の全体は A を通る G–軌道に一致する。各 G–軌道を代表するのが行列の簡約形である。

例 7.21 $G = \mathrm{GL}(n,\mathbb{C})$, $X = \mathrm{Mat}(n,n,\mathbb{C})$ とすれば

$$G \times X \longrightarrow X : \ (P, A) \mapsto PAP^{-1}$$

により $\mathrm{GL}(n,\mathbb{C})$ は $\mathrm{Mat}(n,n,\mathbb{C})$ に作用する。各 G–軌道を代表するのが Jordan 標準形である。

例 7.22 $G = \mathrm{GL}(m,\mathbb{Z}) \times \mathrm{GL}(n,\mathbb{Z})$, $X = \mathrm{Mat}(m,n,\mathbb{Z})$ とすれば

$$G \times X \longrightarrow X : \ ((P,Q), A) \mapsto PA{}^tQ$$

により $\mathrm{GL}(m,\mathbb{Z}) \times \mathrm{GL}(n,\mathbb{Z})$ は $\mathrm{Mat}(m,n,\mathbb{Z})$ に作用する。各 G–軌道を代表するのが Smith 標準形である。$\mathbb{K}$ を体、$G = \mathrm{GL}(m,\mathbb{K}[x]) \times \mathrm{GL}(n,\mathbb{K}[x])$, $X = \mathrm{Mat}(m,n,\mathbb{K}[x])$ とすれば同様に G が X に作用して、各 G–軌道を代表するのが Smith 標準形である。

例 7.23 R を可換環とすると行列の列ベクトルへの積により $\mathrm{GL}(n,R)$ が $R^n \setminus \{0\}$ に作用する。$R = \mathbb{Z}$, $n = 2$ とすると、拡張ユークリッド互除法を $\mathbb{Z}^2 \setminus \{0\}$ の $\mathrm{GL}(2,\mathbb{Z})$–軌道の中で第 2 成分が 0 の要素を探すアルゴリズムと考えることができる。

例 7.24 X を n 次実対称行列の全体とし、$M \in X$ の正の固有値の数を $p(M)$、負の固有値の数を $q(M)$ とする。$G = \mathrm{GL}(n,\mathbb{R})$ は

$$G \times X \longrightarrow X : \ (P, M) \mapsto PM{}^tP$$

により n 次実対称行列の全体のなす集合に作用する。G–軌道を与えるのが Sylvester の慣性律であり、各 G–軌道は $p + q \leq n$ をみたす非負整数 p, q を用いて $\{M \in X \mid p(M) = p,\ q(M) = q\}$ と表わされる。

7.3　群と環の関係

定義 7.9　R を可換環、G を群とするとき、$\{e(g) \mid g \in G\}$ を基底とする R–自由加群

$$\left\{ \sum_{g\in G} r_g e(g) \,\middle|\, r_g \in R \text{ は有限個を除いて } r_g = 0 \right\}$$

に積を

$$\left(\sum_{g\in G} r_g e(g)\right)\left(\sum_{g\in G} r'_g e(g)\right) = \sum_{g\in G}\left(\sum_{h\in G} r_h r'_{h^{-1}g}\right) e(g)$$

と定めた環を G の群環または群代数と呼び、RG または $R[G]$ と書く。混乱が起きないときは $\sum_{g\in G} r_g e(g)$ の代わりに $\sum_{g\in G} r_g g$ と書くことが多い。

例 7.25　$\mathbb{K}$ を体とする。Laurent 多項式環 $\mathbb{K}[x, x^{-1}]$ とは負べきを許した多項式のなす環である。加法群 $\mathbb{Z}$ の群環から Laurent 多項式環への写像を

$$c_1 e(n_1) + \cdots + c_s e(n_s) \mapsto c_1 x^{n_1} + \cdots + c_s x^{n_s}$$
$$(n_1, \cdots, n_s \in \mathbb{Z},\ c_1, \cdots, c_s \in \mathbb{K})$$

により定めると環同型 $\mathbb{K}\mathbb{Z} \simeq \mathbb{K}[x, x^{-1}]$ を与える。

例 7.26　巡回群 $C_n = \mathbb{Z}/(n)$ に対し環同型

$$\begin{aligned}\mathbb{C}C_n &\simeq \mathbb{C}[x]/(x^n - 1)\\ &\simeq \mathbb{C}[x]/(x-1) \times \mathbb{C}[x]/(x-\zeta) \times \cdots \times \mathbb{C}[x]/(x-\zeta^{n-1})\\ &\simeq \mathbb{C} \times \cdots \times \mathbb{C}\end{aligned}$$

が成り立つ。ただし $\zeta = \exp(2\pi\sqrt{-1}/n) \in \mathbb{C}$ であり、後半の同型は中国剰余定理による同型である。すなわち、$f(x) \bmod (x^n - 1)$ の $\mathbb{C}[x]/(x - \zeta^i)$ での値は $f(x) \bmod (x - \zeta^i)$ であり、$x \mapsto \zeta^i$ により $\mathbb{C}[x]/(x - \zeta^i) \simeq \mathbb{C}$ となる。

章末問題

1 $B \subseteq \mathrm{GL}(n,\mathbb{C})$ を可逆な上半三角行列全体のなす集合、$U \subseteq \mathrm{GL}(n,\mathbb{C})$ を対角成分がすべて 1 の上半三角行列全体のなす集合とする。

(i) B が $\mathrm{GL}(n,\mathbb{C})$ の部分群であることを示せ。

(ii) U は B の正規部分群であることを示せ。

(iii) 商群 B/U が可換群であることを示せ。

2 G を有限群、H を $|G| = 2|H|$ をみたす G の部分群とする。任意の $g \in G$ に対し $gH = Hg$ を示せ。とくに H は G の正規部分群であり、$G/H \simeq \mathbb{Z}/(2)$ である。

3 G を $|G| = 6$ をみたす有限群とする。次の問に答えよ。

(i) $\{e, g, g^2, g^3, g^4, g^5\}$ が相異なる $g \in G$ が存在すれば $G \simeq \mathbb{Z}/(6)$ であることを示せ。

(ii) $g^4 = e$ かつ $\{e, g, g^2, g^3\}$ が相異なるとき、$e \neq h \in G \setminus \{e, g, g^2, g^3\}$ に対し $\{e, g, g^2, g^3\} \cap \{h, hg, hg^2, hg^3\} = \varnothing$ を示せ。とくに、$|G| = 6$ となり得ないことを示せ。

(iii) 任意の $g \neq e$ に対し $\{e, g, g^2, g^3, g^4, g^5\}$ の中にかならず同じ要素が現れるならば次のいずれかであることを示せ。

(a) すべての $g \in G$ に対し $g^2 = e$ が成立する。

(b) $\{e, g, g^2\}$ が相異なり $g^3 = e$ となる $g \in G$ が存在する。

(iv) $g^2 = e$ $(\forall g \in G)$ ならば $|G| = 6$ に矛盾することを示せ。

(v) $\{e, g, g^2\}$ が相異なり $g^3 = e$ となる $g \in G$ が存在するとき、$G \simeq \mathbb{Z}/(2) \times \mathbb{Z}/(3) \simeq \mathbb{Z}/(6)$ または $G \simeq S_3$ であることを示せ。

4 S_n を n 次対称群とする。次の問に答えよ。

(i) $A_n = \{\sigma \in S_n \mid \mathrm{sgn}(\sigma) = 1\}$ が S_n の正規部分群であることを示せ。A_n を n 次交代群と呼ぶ。

(ii) $V_4 = \{e, (12)(34), (13)(24), (14)(23)\}$ は S_4 の正規部分群であることを示せ。また、$V_4 \simeq \mathbb{Z}/(2) \times \mathbb{Z}/(2)$ を示せ。

(iii) $A_4/V_4 \simeq \mathbb{Z}/(3)$ を示せ。

5 S_4 の互換は $(12), (13), (14), (23), (24), (34)$ である。$\sigma \in S_4$ に対し、

$$\sigma(12)(34)\sigma^{-1}, \qquad \sigma(13)(24)\sigma^{-1}, \qquad \sigma(14)(23)\sigma^{-1}$$

は $a = (12)(34),\ b = (13)(24),\ c = (14)(23)$ の置換なので、σ に a, b, c の置換を対応させる写像を $\psi : S_4 \to S_3$ とする。たとえば $(12), (34) \mapsto (bc)$, $(23) \mapsto (ab)$ である。次の問に答えよ。

(i) ψ が群準同型であることを示せ。

(ii) ψ が全射であることを示せ。

(iii) $V_4 \subseteq \mathrm{Ker}(\psi)$ を示せ。

(iv) 群準同型の合成 $S_4/V_4 \to S_4/\mathrm{Ker}(\psi) \to S_3$ が群同型 $S_4/V \simeq S_3$ を与えることを示せ。

6 次の問に答えよ。

(i) $f(x) \in \mathbb{Q}[x]$ の微分を $f'(x)$ とする。$\gcd(f, f')$ が定数でないなら $f(x)$ は有理数の範囲で因数分解できることを示せ。

(ii) $f(x) = x^4 + a_1x^3 + a_2x^2 + a_3x + a_4 \in \mathbb{Q}[x]$ とし、解集合を $X = \{\alpha_1, \alpha_2, \alpha_3, \alpha_4\} \subseteq \mathbb{C}$ とする。$f(x)$ が既約多項式ならば $\alpha_1, \alpha_2, \alpha_3, \alpha_4$ が相異なることを示せ。とくに $\sigma\alpha_i = \alpha_{\sigma(i)}$ により S_4 が X に作用する。

(iii) $Y = \{\beta_1, \beta_2, \beta_3\} \subseteq \mathbb{C}$ を

$$\beta_1 = \alpha_1\alpha_2 + \alpha_3\alpha_4, \qquad \beta_2 = \alpha_1\alpha_3 + \alpha_2\alpha_4, \qquad \beta_3 = \alpha_1\alpha_4 + \alpha_2\alpha_3$$

により定めるとき、$f(x)$ の解と係数の関係を用いることにより Y が重複度を込めて

$$g(x) = x^3 - a_2x^2 + (a_1a_3 - 4a_4)x - a_1^2a_4 + 4a_2a_4 - a_3^2$$

の解集合であることを示せ。

(iv) 次の等式を示せ。とくに $\beta_1, \beta_2, \beta_3$ は相異なる。

$$(\beta_1 - \beta_2)(\beta_1 - \beta_3)(\beta_2 - \beta_3) = \prod_{1 \le i < j \le 4} (\alpha_i - \alpha_j)$$

(v) $S_4/V_4 \simeq S_3$ が

$$\begin{aligned} &(12)\beta_1 = \beta_1, \qquad &(12)\beta_2 = \beta_3, \qquad &(12)\beta_3 = \beta_2, \\ &(23)\beta_1 = \beta_2, \qquad &(23)\beta_2 = \beta_1, \qquad &(23)\beta_3 = \beta_3, \\ &(34)\beta_1 = \beta_1, \qquad &(34)\beta_2 = \beta_3, \qquad &(34)\beta_3 = \beta_2 \end{aligned}$$

により Y に作用することを示せ。

註：$\alpha_{ij} = \alpha_i + \alpha_j$ $(1 \le i < j \le 4)$ と置くと

$$\begin{cases} \alpha_{12} + \alpha_{34} = -a_1, \qquad \alpha_{12}\alpha_{34} = \beta_2 + \beta_3, \\ \alpha_{13} + \alpha_{24} = -a_1, \qquad \alpha_{13}\alpha_{24} = \beta_1 + \beta_3, \\ \alpha_{14} + \alpha_{23} = -a_1, \qquad \alpha_{14}\alpha_{23} = \beta_1 + \beta_2 \end{cases}$$

となるから、$\beta_1, \beta_2, \beta_3$ が求まればもう少し工夫することで 4 次方程式の解を求めることができる。

7 G を有限群、R を可換環、RG を G の群環とする。また、$e \in G$ は G の単位元である。次の問に答えよ。

(i) $R[G]$ を G 上の R 値関数全体のなす R–加群とする。$f_1, f_2 \in R[G]$ に対し $f_1 * f_2 \in R[G]$ を

$$f_1 * f_2(x) = \sum_{y \in G} f_1(y) f_2(y^{-1}x) \qquad (x \in G)$$

と定め、畳込み積と呼ぶ。次の公式が成り立つことを示せ。

$$f_1 * (f_2 + f_3) = f_1 * f_2 + f_1 * f_3,$$

$$(f_2+f_3)*f_1 = f_2*f_1+f_3*f_1,$$
$$(f_1*f_2)*f_3 = f_1*(f_2*f_3)$$

(ii) デルタ関数 $\delta_g \in R[G]$ を $x=g$ のとき $\delta_g(x)=1$, $x\neq g$ のとき $\delta_g(x)=0$ と定めると、$R[G]$ は δ_e を単位元とする環であり

$$\sum_{g\in G} r_g g \mapsto \sum_{g\in G} r_g\delta_g \qquad (r_g\in R)$$

の定める R–加群同型 $RG\to R[G]$ が環同型になることを示せ。

8 G を有限群、X を G が作用する有限集合とし、$R[X\times X]^G$ を

$$f(gx,gy)=f(x,y)\ \ (x,y\in X, g\in G)$$

をみたす $X\times X$ 上の R 値関数全体のなす R–加群、

$$1_{X\times X}(x,y)=\begin{cases}1 & (x=y)\\ 0 & (x\neq y)\end{cases}$$

とする。とくに $G=\{e\}$ のときは $R[X\times X]^G$ を $R[X\times X]$ と書く。次の問に答えよ。畳込み積が定める環 $R[X\times X]^G$ を畳込み代数と呼ぶ。

(i) $f_1,f_2\in R[X\times X]^G$ に対し畳込み積を

$$f_1*f_2(x,y)=\sum_{z\in X} f_1(x,z)f_2(z,y)$$

と定めることにより $R[X\times X]^G$ が環になることを示せ。

(ii) $X=G$ のとき環同型 $R[G\times G]^G\simeq R[G]$ を示せ。ただし、G は X に左からの積で作用する。

(iii) $n\in\mathbb{N}$ に対し $X=\{1,2,\cdots,n\}$ と定め、$f\in\mathbb{Z}[X\times X]$ を

$$f(a,b)=\begin{cases}1 & (a\text{ が }b\text{ の約数のとき})\\ 0 & (a\text{ が }b\text{ の約数でないとき})\end{cases}$$

と定める。$f*f^{-1}=f^{-1}*f=1_{X\times X}$ をみたす $f^{-1}\in\mathbb{Z}[X\times X]$ が

存在することを示せ。f^{-1} を μ で表わし Möbius 関数と呼ぶ。

9 $f(i+n)=f(i)$ をみたす $\mathbb{Z}$ 上の複素数値関数 $f:\mathbb{Z}\to\mathbb{C}$ を $C_n=\mathbb{Z}/(n)$ 上の複素数値関数とみなし $c(f)=\sum_{g\in C_n} f(g)e(g)\in\mathbb{C}C_n$ と置く。同型 $\mathbb{C}C_n\simeq\mathbb{C}[x]/(x^n-1)$ により

$$c(f)=\sum_{k=0}^{n-1} f(k)x^k\in\mathbb{C}[x]/(x^n-1)$$

とみなす。$\zeta=\exp(2\pi\sqrt{-1}/n)$ とするとき、次の問に答えよ。

(i) $g\in C_n$ に対し $l_g(x)\in\mathbb{C}[x]/(x^n-1)$ を

$$l_g(x)=\frac{1}{n}\sum_{k=0}^{n-1}\zeta^{-gk}x^k$$

と定めるとき、次の等式を示せ。

$$c(f)=\sum_{g\in C_n}\left(\sum_{h\in C_n}\zeta^{hg}f(h)\right)l_g$$

(ii) $1\le i\le n$ に対し、中国剰余定理が与える環同型

$$\mathbb{C}[x]/(x^n-1)\simeq\mathbb{C}[x]/(x-1)\times\cdots\times\mathbb{C}[x]/(x-\zeta^{n-1})$$

による $c(f)$ の像の $\mathbb{C}[x]/(x-\zeta^i)$ における成分が $\sum_{k=0}^{n-1}\zeta^{ik}f(k)$ であることを示せ。

註： ζ の代わりに ζ^{-1} を用いてもよい。このとき

$$\widehat{f}(i \bmod n)=\sum_{k=0}^{n-1}\zeta^{-ik}f(k)$$

として次の離散 Fourier 変換の公式が得られる。

$$f(k \bmod n)=\frac{1}{n}\sum_{i=0}^{n-1}\widehat{f}(i \bmod n)\zeta^{ik}$$

補充問題 (計算ドリル)

正しく計算できる計算力があると確信を持てるまで計算練習しよう。

1 以下の行列を用いて核表示される実線形空間の像表示を与えよ。

(1) $\begin{pmatrix} 3 & -1 & -5 \\ 1 & -1 & -2 \\ -1 & 3 & 3 \\ -2 & 0 & 3 \end{pmatrix}$ (2) $\begin{pmatrix} 5 & 4 & -1 & 0 \\ -2 & 0 & 3 & -4 \\ -2 & -4 & -2 & 4 \\ 1 & -1 & -2 & 3 \end{pmatrix}$

(3) $\begin{pmatrix} 0 & -4 & 1 & 0 \\ -2 & -2 & -1 & -1 \\ 4 & -4 & 4 & 2 \\ -8 & 0 & -6 & -4 \end{pmatrix}$ (4) $\begin{pmatrix} 3 & 1 & 0 & 3 \\ -2 & 2 & -4 & 2 \\ -6 & 2 & -6 & 0 \\ 2 & 0 & 1 & 1 \\ 5 & -1 & 4 & 1 \end{pmatrix}$

(5) $\begin{pmatrix} -5 & 1 & 1 & -1 & 0 \\ -2 & 2 & -2 & -2 & 6 \\ 1 & -1 & 1 & -1 & -2 \\ -1 & -1 & 2 & 2 & -5 \end{pmatrix}$

2 以下の行列を使って核表示される $\mathbb{R}(x)$–加群の像表示を与えよ。

(1) $\begin{pmatrix} -x+x^2 & -1+2x & -1 & x \\ 1-2x+x^2 & -1 & 1-2x & -1+x \\ 1-x & 0 & 2 & -1 \\ 1-x & -1+x & 1+x & -1 \end{pmatrix}$

(2) $\begin{pmatrix} 0 & 2 & -2+4x & 2-2x & -4 \\ -3+3x & 3+2x & -1+x & 1-x & -2+x \\ -1+x & 3-x & -4+x & -1+x & -3+2x \\ -1+x & -2+x & -3-x & -2+2x & -1+2x \end{pmatrix}$

3 V_i $(1 \leq i \leq 5)$ を下記の $\mathbb{R}^5$ の部分空間とする。

$$V_1 = \mathrm{Im}\begin{pmatrix} -1 & 1 & 0 & 0 \\ 0 & -1 & 3 & -3 \\ -3 & -2 & -1 & 1 \\ 0 & -2 & 1 & -1 \\ -1 & 2 & -2 & 2 \end{pmatrix},$$

$$V_2 = \mathrm{Im}\begin{pmatrix} -3 & -1 & 1 & -2 & 3 & 1 \\ 1 & 0 & -1 & 1 & -1 & 0 \\ -4 & -3 & -2 & -1 & 4 & 3 \\ 2 & 0 & -2 & 2 & -2 & 0 \\ -4 & -1 & 2 & -3 & 4 & 1 \end{pmatrix},$$

$$V_3 = \mathrm{Im}\begin{pmatrix} -2 & -1 & 2 & 0 \\ -1 & -1 & 1 & 1 \\ 0 & 3 & 0 & -6 \\ 1 & 1 & -1 & -1 \\ 1 & 2 & -1 & -3 \end{pmatrix},$$

$$V_4 = \mathrm{Im}\begin{pmatrix} -5 & 1 & -3 & 6 & -1 & 3 \\ 6 & -1 & 4 & -3 & -2 & -5 \\ -5 & 0 & -5 & 6 & 1 & 3 \\ 0 & -1 & 0 & 2 & 0 & 0 \\ -2 & 3 & -1 & -2 & -1 & 1 \end{pmatrix},$$

$$V_5 = \mathrm{Im}\begin{pmatrix} -2 & 2 & 0 & 4 & -2 \\ 1 & -2 & 2 & -1 & 0 \\ -1 & 4 & -7 & -2 & 2 \\ 2 & -3 & 2 & -3 & 1 \\ -3 & 5 & -3 & 5 & 0 \end{pmatrix}.$$

(1) $\dim V_i$ $(1 \leq i \leq 5)$ を求めよ。

(2) $V_i \cap V_j$ $(1 \leq i < j \leq 5)$ の基底を求めよ。

4 下記の行列が定める 4 次元 $\mathbb{C}[x]$–加群の部分加群を求めよ。

(1) $\begin{pmatrix} 1 & -1 & 0 & 1 \\ 0 & 1 & 0 & 0 \\ 0 & 0 & 1 & 0 \\ 0 & -1 & 0 & 2 \end{pmatrix}$　(2) $\begin{pmatrix} 1 & -2 & 2 & 0 \\ 1 & 0 & 1 & 1 \\ 1 & -2 & 3 & 1 \\ 0 & 1 & -1 & 1 \end{pmatrix}$

(3) $\begin{pmatrix} 0 & 1 & -1 & -1 \\ 1 & 0 & 1 & 0 \\ 1 & -2 & 3 & 0 \\ 1 & -1 & 1 & 2 \end{pmatrix}$　(4) $\begin{pmatrix} 1 & 2 & -1 & -1 \\ 1 & 1 & 0 & 1 \\ 1 & -2 & 2 & 2 \\ 1 & 0 & 0 & 2 \end{pmatrix}$

(5) $\begin{pmatrix} 1 & 1 & -1 & 1 \\ 0 & 2 & 0 & 0 \\ 1 & 0 & 2 & -1 \\ 1 & 0 & 0 & 1 \end{pmatrix}$

5 次の整数成分行列の Smith 標準形を求めよ。

(1) $\begin{pmatrix} 0 & -2 & -2 & 2 \\ 0 & 2 & 2 & -2 \\ 2 & -2 & 0 & 2 \\ 0 & -2 & 4 & -4 \end{pmatrix}$　(2) $\begin{pmatrix} 2 & 1 & 1 & -1 \\ 0 & 1 & 3 & 3 \\ 2 & 2 & 2 & 0 \\ 0 & 1 & 1 & 1 \end{pmatrix}$

(3) $\begin{pmatrix} 0 & 4 & -2 & -2 \\ 0 & -2 & 2 & 4 \\ 1 & -3 & 3 & 3 \\ 0 & 0 & 0 & -2 \end{pmatrix}$ (4) $\begin{pmatrix} 3 & -1 & -3 & -4 & 0 \\ -1 & -1 & 3 & 0 & 2 \\ 3 & 3 & 1 & 0 & -2 \\ 4 & 0 & -2 & -4 & 0 \\ 2 & 0 & -2 & -2 & 0 \end{pmatrix}$

(5) $\begin{pmatrix} 1 & 1 & 4 & 3 & -5 \\ 0 & 2 & 0 & 0 & -2 \\ 0 & 6 & 0 & -2 & 0 \\ 1 & -1 & -2 & -1 & 3 \\ 1 & -3 & -4 & -1 & 3 \end{pmatrix}$

6 下記の行列の積により加群準同型 $f : \mathbb{Z}^4 \to \mathbb{Z}^3$ を定めるとき、$\mathrm{Im}(f)$ と $\mathrm{Ker}(f)$ の基底を求めよ。 また余核 $\mathrm{Cok}(f)$ を巡回群の直積で表せ。

(1) $\begin{pmatrix} 0 & -2 & -2 & -2 \\ 1 & 3 & 1 & 2 \\ 1 & 2 & 1 & 1 \end{pmatrix}$ (2) $\begin{pmatrix} 1 & 1 & 1 & -3 \\ 1 & 1 & 1 & -1 \\ 3 & 1 & 3 & -3 \end{pmatrix}$

(3) $\begin{pmatrix} 0 & 0 & 2 & 2 \\ 2 & 0 & -4 & -4 \\ 4 & -4 & -2 & 2 \end{pmatrix}$ (4) $\begin{pmatrix} 5 & -1 & -1 & 0 \\ 1 & -1 & -1 & 2 \\ 5 & 0 & 0 & -1 \end{pmatrix}$

(5) $\begin{pmatrix} 1 & 1 & -5 & 1 \\ 0 & -2 & -8 & 2 \\ 1 & 1 & 1 & 1 \end{pmatrix}$ (6) $\begin{pmatrix} 0 & 6 & 6 & 6 \\ 2 & 3 & 2 & -3 \\ 0 & 3 & 0 & -3 \end{pmatrix}$

7 下記は $\mathbb{C}[x]$ 成分行列である。Smith 標準形を求めよ。

(1) $\begin{pmatrix} x-1 & -1 & -2 \\ 0 & x & 4 \\ 0 & 0 & x-2 \end{pmatrix}$ (2) $\begin{pmatrix} x-1 & 3 & 7 \\ 0 & x-1 & -2 \\ 0 & 1 & x+2 \end{pmatrix}$

(3) $\begin{pmatrix} x & 1 & 1 \\ -2 & x-3 & -2 \\ 2 & 2 & x+1 \end{pmatrix}$　　(4) $\begin{pmatrix} x-1 & -2 & -2 \\ 0 & x-5 & -4 \\ 0 & 3 & x+2 \end{pmatrix}$

(5) $\begin{pmatrix} x & -1 & 0 \\ -1 & x & -1 \\ -2 & 2 & x-2 \end{pmatrix}$　　(6) $\begin{pmatrix} x-1 & 0 & 0 \\ 1 & x-1 & 2 \\ 2 & 0 & x+1 \end{pmatrix}$

(7) $\begin{pmatrix} x & -1 & 2 \\ 1 & x-2 & 2 \\ 0 & 0 & x-1 \end{pmatrix}$　　(8) $\begin{pmatrix} x & -1 & 0 \\ 1 & x-2 & 0 \\ 2 & -1 & x-1 \end{pmatrix}$

(9) $\begin{pmatrix} x & 2 & -1 \\ -2 & x+4 & -3 \\ -3 & 5 & x-4 \end{pmatrix}$　　(10) $\begin{pmatrix} x & 1 & -x+1 \\ 0 & x+1 & 3x+5 \\ 0 & 0 & x-1 \end{pmatrix}$

(11) $\begin{pmatrix} x & -x-2 & -2x+2 \\ 0 & 2x & x^2-x \\ 0 & -1 & -x+1 \end{pmatrix}$　　(12) $\begin{pmatrix} 0 & 0 & -x \\ x & 2x^2+x & -2x \\ -1 & x-1 & 2 \end{pmatrix}$

(13) $\begin{pmatrix} x & x & x^2 \\ -1 & 2x-1 & -2 \\ 0 & -x & 1 \end{pmatrix}$　　(14) $\begin{pmatrix} -x & -2x & 0 \\ -3x & -5x & 0 \\ 4x-2 & 6x-2 & -x+1 \end{pmatrix}$

(15) $\begin{pmatrix} -2x+6 & x-2 & -2x \\ -3x-6 & x+2 & 2x \\ -3 & 1 & x \end{pmatrix}$　　(16) $\begin{pmatrix} x & 0 & 0 \\ 2x+1 & -2x & x \\ 4x+2 & -3x & 2x \end{pmatrix}$

(17) $\begin{pmatrix} x & 0 & -2x^2+2x \\ -1 & -x & 0 \\ -2 & -2x & -x+1 \end{pmatrix}$　　(18) $\begin{pmatrix} -4x & 2x & -x \\ 9x+1 & -4x-1 & 3x \\ -x-4 & x+2 & -1 \end{pmatrix}$

(19) $\begin{pmatrix} 0 & x & -2x+1 & -x \\ -x+1 & -2x+2 & 2x-1 & 0 \\ -1 & -2 & -x+1 & 0 \end{pmatrix}$

(20) $\begin{pmatrix} -x & -x+2 & x-1 & 2x+1 \\ 0 & 2x & -x & x \\ -x & -6x & 0 & -x \end{pmatrix}$

(21) $\begin{pmatrix} -2x & -2x & 2x & -x \\ 0 & 0 & -x & 2x \\ 2x+1 & 4x & -2x-1 & 3x-1 \end{pmatrix}$

(22) $\begin{pmatrix} x & 2x & -x & -2x \\ -2x & -x & 0 & x \\ x-1 & x-1 & 0 & -2x+2 \end{pmatrix}$

8 下記の複素成分行列の Jordan 標準形を求めよ。

(1) $\begin{pmatrix} 1 & 0 & 0 & 0 \\ 1 & -1 & 1 & 1 \\ 0 & -1 & 1 & 1 \\ -1 & 1 & -1 & 0 \end{pmatrix}$

(2) $\begin{pmatrix} 1 & 0 & 0 & 0 \\ 1 & 2 & 2 & -2 \\ 0 & -1 & -1 & 1 \\ 1 & 1 & 1 & -1 \end{pmatrix}$

(3) $\begin{pmatrix} 0 & -2 & 1 & -1 \\ 0 & 2 & -1 & 1 \\ 0 & 0 & 0 & 0 \\ 0 & -2 & 1 & -1 \end{pmatrix}$

(4) $\begin{pmatrix} 1 & 1 & 1 & 1 \\ 0 & -1 & 0 & -2 \\ 0 & -1 & 1 & -1 \\ 0 & 0 & 1 & 1 \end{pmatrix}$

(5) $\begin{pmatrix} 1 & 0 & -1 & 0 \\ 0 & 2 & 1 & 2 \\ 0 & -1 & 0 & -1 \\ 0 & -1 & -1 & -1 \end{pmatrix}$

(6) $\begin{pmatrix} 0 & -2 & -2 & -1 \\ 2 & 2 & 1 & 2 \\ -2 & -2 & -1 & -2 \\ 0 & 2 & 2 & 1 \end{pmatrix}$

(7) $\begin{pmatrix} 0 & 0 & -1 & -1 \\ -1 & -1 & 1 & 2 \\ 1 & 1 & 1 & 0 \\ -2 & -2 & 0 & 2 \end{pmatrix}$

(8) $\begin{pmatrix} 0 & 1 & 0 & -1 \\ -1 & 1 & 1 & -1 \\ 0 & 1 & 0 & -1 \\ 2 & 0 & -2 & 2 \end{pmatrix}$

(9) $\begin{pmatrix} 1 & 0 & 0 & 0 \\ 0 & 1 & -1 & 0 \\ 1 & 1 & -1 & 0 \\ -1 & -1 & -1 & 2 \end{pmatrix}$

(10) $\begin{pmatrix} 1 & -1 & 0 & 2 \\ 2 & -2 & 4 & 4 \\ 1 & -1 & 2 & 2 \\ 1 & -1 & 2 & 2 \end{pmatrix}$

(11) $\begin{pmatrix} 0 & -1 & 1 & 1 & 0 \\ 0 & 1 & 0 & 0 & 0 \\ 0 & 0 & -1 & -1 & 0 \\ -1 & -1 & 0 & 1 & 1 \\ 1 & 1 & 1 & 0 & 0 \end{pmatrix}$

(12) $\begin{pmatrix} 1 & -1 & 1 & 1 & -1 \\ 0 & 2 & -1 & -1 & 2 \\ 0 & 1 & 0 & -1 & 1 \\ -1 & 1 & -1 & -1 & 1 \\ 0 & -1 & 0 & 1 & -1 \end{pmatrix}$

(13) $\begin{pmatrix} 1 & -1 & -1 & 1 & -1 \\ 0 & 0 & 0 & 1 & -1 \\ 1 & 0 & 0 & 0 & -1 \\ 1 & -1 & -1 & 1 & -1 \\ 1 & -1 & -1 & 1 & -1 \end{pmatrix}$

(14) $\begin{pmatrix} 0 & 0 & -1 & -1 & 0 \\ 0 & -1 & 0 & 0 & -1 \\ 0 & 0 & 0 & 0 & 0 \\ 0 & 0 & 1 & 1 & 0 \\ 0 & 1 & 0 & 0 & 1 \end{pmatrix}$

(15) $\begin{pmatrix} 1 & -1 & 2 & 0 & -2 \\ 0 & 0 & 2 & 0 & -2 \\ 0 & 0 & 1 & 0 & -1 \\ -1 & 1 & -3 & 0 & 3 \\ 0 & 0 & 0 & 0 & 0 \end{pmatrix}$

(16) $\begin{pmatrix} 1 & -1 & 0 & 0 & 0 \\ 1 & 0 & 1 & 1 & 1 \\ 0 & 1 & 1 & 0 & 0 \\ -1 & 0 & -1 & 0 & 0 \\ 0 & 0 & 0 & 0 & 0 \end{pmatrix}$

(17) $\begin{pmatrix} 1 & -1 & -1 & -2 & 1 \\ 1 & 0 & -1 & -1 & 0 \\ 0 & -1 & 0 & -1 & 1 \\ 0 & 0 & 0 & 0 & 0 \\ 2 & -1 & -2 & -3 & 1 \end{pmatrix}$

(18) $\begin{pmatrix} 0 & 0 & 1 & 0 & 1 \\ 0 & 0 & -1 & 0 & -1 \\ 1 & -1 & -1 & 0 & -2 \\ 0 & 1 & 1 & 1 & 1 \\ 0 & 2 & 1 & 0 & 2 \end{pmatrix}$

$$(19)\quad \begin{pmatrix} 1 & -1 & -1 & 3 & 0 \\ 0 & -1 & -1 & 1 & -1 \\ 0 & 0 & 0 & 1 & 0 \\ 0 & 0 & 0 & 1 & 0 \\ 0 & 1 & 1 & -2 & 1 \end{pmatrix} \qquad (20)\quad \begin{pmatrix} -1 & 0 & 0 & 1 & 0 \\ 0 & 0 & -1 & -2 & -1 \\ 1 & 0 & 1 & 1 & 1 \\ 0 & 1 & 1 & 1 & 0 \\ 2 & -1 & -1 & -1 & 1 \end{pmatrix}$$

あとがき

大阪大学数学科の学生を教えて 10 年経った。最近数学科のカリキュラムの変更があり、10 年間に感じたことを代数系教員の皆様に申し上げたところ、2020 年度の 2 回生後期に学ぶ代数学基礎の講義を担当できることになった。このカリキュラムでは 2 回生前期に体上の線形空間と広義固有空間を用いた Jordan 標準形の講義があり、代数学基礎ではその続きとして抽象代数学への導入を担うのだが、従来『代数学』や『代数学基礎』という書名で出版されている多くの教科書とは異なり、線形代数から抽象代数学への橋渡しを意識した内容にした。3 回生になれば春夏学期の「代数学序論１」で群論、「代数学序論２」で環と加群、秋冬学期の「代数学３」で体論（Galois 理論）と本格的な代数学の基礎を学ぶからである。

数学科の講義は理論の解説が中心になりがちである。私自身、3 回生 4 回生の講義の担当ばかりだったこともあり、シラバスに忠実に証明中心の講義をやってきた。ただ、Galois 理論を教えても多くの学生が位数 12 や位数 16 の有限 Abel 群の部分群を決定できないなど、本格的な講義を受けるまでの教育のあり方に疑問を持っていた。この教科書では抽象代数学の内容でも多項式や整数だけで計算できるのが特徴である。せっかく数学科に入ったのだから高校までの数学や線形代数を使って数学科らしい計算をしたいと思う学生に育ってほしい。その著者の思いが第 5 章や第 6 章などから伝われぱと思う。

また、学生の興味を考えるとき、私立大学の多くの数学科で従来型の代数学基礎の内容を学ぶことについても疑問に思っていた。中学・高校・大学初年次までに学んだ数学をいったん振り返り、現代数学の中に位置づける講義があったほうがいいのではないか、そして、大阪大学の学生にとってもそれは有意義なはずである、との思いを記述の端々から感じてもらえればありがたいと思う。

高校の数学教員にも手に取ってもらえればありがたい。とくに第 4 章には高校で数学を教えるときに知っておくべきことが書いてあると思う。

大阪大学のカリキュラムでは「代数学基礎」の講義に演義が付属している。演義も 2020 年度は従来のやり方とは違うやり方にした。毎回計算問題や簡単な証明問題が数題の確認テストを 30 分、次に 30 分の解説、最後の 30 分で解き直しや補充問題を解いてもらうという形である。最後の講義では、改めて群、環、体、加群および群準同型、環準同型、加群準同型の定義や、群作用の定義を確認した。

以上の試みが成功しているかどうかは正直わからない。今後この方向でよりよい教科書が出てくればと思う。ちなみに、巻末の補充問題（計算ドリル）は演義を担当してくれた小川裕之さんの作成した補充問題から採用した。また、毎回の確認テストはこちらで用意したが、学生の実態に合わせた感想をもらって難易度を調整したこともあった。この機会に感謝したい。

講義で使用した計算例のいくつかは下記の線形代数の教科書から採用した。

(1) 小寺平治著『明解演習 線形代数』（共立出版）
(2) 齋藤正彦著『線型代数入門』『線型代数演習』（東京大学出版会）

(2) は単因子を用いた Jordan 標準形の計算法を説明しているが、線形代数の講義である以上、証明はあくまで線形代数の範囲である。本来の形での証明を代数学への入門として使いたいというのが、この教科書を書き始めた動機である。

Jordan 標準形は Lie 群・代数群の設定に一般化され Jordan 分解を与える。その他にも Bruhat 分解、岩澤分解（QR 分解）等の各種分解があり、典型例を線形代数と位相の初歩の知識のみで説明したものとして下記がある。

(3) 西山享著『重点解説 ジョルダン標準形——行列の標準形と分解をめぐって』（臨時別冊・数理科学 SGC ライブラリ 77，サイエンス社）

ここで一言付け加えると、数学科の学生は工学部の数学を知らないので下記の教科書も眺めるとよい。バランスの取れた線形代数の理解が進むであろう。

(4) 室田一雄・杉原正顯著，東京大学工学教程編纂委員会編『基礎系 数学 線形代数 I，II 』（丸善出版）
(5) 伊理正夫著『一般線形代数』（岩波書店）

本書で群・環・体の基礎に触れたあと 3 回生で学ぶより本格的な代数学基礎の教科書として比較的最近出版された下記の教科書を挙げておく。『代数学 1』が群論入門で、『代数学 2』で環と体と Galois 理論を扱っている。『代数学 3』は重要だが標準的な代数学基礎の講義で触れない話題を扱っている。代数学基礎の教科書は数多く出版されており、他にも多くの良書があると思う。

(6) 雪江明彦著『代数学 1, 2, 3』(日本評論社)

また下記は代数学基礎の教科書の古典である。使用する場合は、演習書も併せて購入して演習問題を多く解くべきであろう。

(7) ファン・デル・ヴェルデン著, 銀林浩訳『現代代数学 1, 2, 3』(東京図書)

今回の私の教科書は 3 回生で本格的な代数学基礎を学ぶことを前提に線形代数学から代数学への入門を目指したものであるが、従来の群・環・体の流れを守りつつ代数学基礎へのやさしい導入を目指した教科書としては

(8) 岩永恭雄著『代数学の基礎』(日本評論社)

がある。また、環と加群についての基礎知識を補うには下記が有用であろう。

(9) 岩永恭雄・佐藤眞久著『環と加群のホモロジー代数的理論』(日本評論社)

可換環に限れば環と加群を主題とした本格的な内容を扱った教科書がいくつか出版されている。さらに、最近はホモロジー代数の本格的な教科書も現れるようになってきた。興味があれば探して手に取ってみられるとよい。

最後に、教科書ではないが加群に関する読みやすい読み物として多くの教員が推薦する本を紹介して終わりとしよう。書名は「かぐんとは」と読むようである。

(10) 堀田良之著『加群十話——代数学入門』(朝倉書店)

前半は環と加群の説明から始まり、中盤では Jordan 標準形の抽象代数学の手法による証明が紹介され、その後は表現論入門ののち、代数解析の入り口を紹介して終わる構成になっている。

だいぶん長いあとがきとなった。無理のない範囲で興味のおもむくまま本書の先にある代数学の世界を楽しんでいただけたらと思う。

2021 年早春の佳き日に記す。

問題の解答

章末問題

【第 1 章】

1 簡約形を計算すると

$$\begin{pmatrix}1 & 1 & 3 & -2\\ 3 & 0 & 3 & 7\\ 2 & 1 & 4 & -1\\ 1 & 2 & 5 & -5\end{pmatrix} \Longrightarrow \begin{pmatrix}1 & 1 & 3 & -2\\ 0 & -3 & -6 & 13\\ 0 & -1 & -2 & 3\\ 0 & 1 & 2 & -3\end{pmatrix} \Longrightarrow \begin{pmatrix}1 & 1 & 3 & -2\\ 0 & 1 & 2 & -3\\ 0 & -3 & -6 & 13\\ 0 & -1 & -2 & 3\end{pmatrix}$$

$$\Longrightarrow \begin{pmatrix}1 & 0 & 1 & 1\\ 0 & 1 & 2 & -3\\ 0 & 0 & 0 & 4\\ 0 & 0 & 0 & 0\end{pmatrix} \Longrightarrow \begin{pmatrix}1 & 0 & 1 & 1\\ 0 & 1 & 2 & -3\\ 0 & 0 & 0 & 1\\ 0 & 0 & 0 & 0\end{pmatrix} \Longrightarrow \begin{pmatrix}1 & 0 & 1 & 0\\ 0 & 1 & 2 & 0\\ 0 & 0 & 0 & 1\\ 0 & 0 & 0 & 0\end{pmatrix}$$

だから、下記は V の基底である。

$$\left\{\begin{pmatrix}1\\ 3\\ 2\\ 1\end{pmatrix}, \begin{pmatrix}1\\ 0\\ 1\\ 2\end{pmatrix}, \begin{pmatrix}-2\\ 7\\ -1\\ -5\end{pmatrix}\right\}$$

2 $0 \in W$ の代わりに $W \neq \varnothing$ でもよく、空集合は部分空間ではないということである。他方、任意の集合に対し空集合は部分集合である。

3 実際に座標平面に原点を始点とするベクトルを書いて考えてみればよい。原点中心 θ 回転を $f : \mathbb{R}^2 \to \mathbb{R}^2$ とするとき、$u, v, u+v \in \mathbb{R}^2$ を θ 回転してみれば $f(u+v) = f(u) + f(v)$ が成り立つ。$c \in \mathbb{R}$ として $u, cu \in \mathbb{R}^2$ を θ 回転してみれば $f(cu) = cf(u)$ も得られる。

4 3 次元ユークリッド空間内の点 Q_1, Q_2 を

$$\overrightarrow{PQ_1} = e_1, \qquad \overrightarrow{PQ_2} = e_2$$

により定め、$P \in S$ における S の接平面の法線ベクトルを n とする。内積 $e_1 \cdot n$, $e_2 \cdot n$ を計算すると 0 になるから Q_1, Q_2 は接平面

$$-\frac{\partial f}{\partial x}(a,b)(x-a)-\frac{\partial f}{\partial y}(a,b)(y-b)+(z-c)=0$$

上の点である。ゆえに $e_1, e_2 \in T_PS$ となる。$c_1e_1+c_2e_2=0$ とすると最初の 2 成分が $c_1=0, c_2=0$ だから $\{e_1, e_2\}$ は一次独立であり、法線ベクトルに直交するベクトルは

$$\begin{pmatrix} x-a \\ y-b \\ z-c \end{pmatrix} = (x-a)\begin{pmatrix} 1 \\ 0 \\ \dfrac{\partial f}{\partial x}(a,b) \end{pmatrix} + (y-b)\begin{pmatrix} 0 \\ 1 \\ \dfrac{\partial f}{\partial y}(a,b) \end{pmatrix}$$

と書けるから T_PS は $\{e_1, e_2\}$ で生成される。

5 連立一次方程式 $Ax=0$ を解けばよい。A の簡約形を求めると

$$\begin{pmatrix} 1 & -1 & 2 & 3 \\ 2 & -3 & 0 & 5 \\ 1 & 0 & 6 & 4 \\ 4 & -5 & 4 & 11 \\ 3 & -4 & 2 & 8 \end{pmatrix} \Longrightarrow \begin{pmatrix} 1 & -1 & 2 & 3 \\ 0 & -1 & -4 & -1 \\ 0 & 1 & 4 & 1 \\ 0 & -1 & -4 & -1 \\ 0 & -1 & -4 & -1 \end{pmatrix} \Longrightarrow \begin{pmatrix} 1 & 0 & 6 & 4 \\ 0 & 1 & 4 & 1 \\ 0 & 0 & 0 & 0 \\ 0 & 0 & 0 & 0 \\ 0 & 0 & 0 & 0 \end{pmatrix}$$

だから、解は

$$x = \begin{pmatrix} -6x_3-4x_4 \\ -4x_3-x_4 \\ x_3 \\ x_4 \end{pmatrix} = x_3\begin{pmatrix} -6 \\ -4 \\ 1 \\ 0 \end{pmatrix} + x_4\begin{pmatrix} -4 \\ -1 \\ 0 \\ 1 \end{pmatrix}$$

であり、次の行列 $B \in \mathrm{Mat}(4,2,\mathbb{R})$ に対し $V=\mathrm{Im}(B)$ となる。

$$B = \begin{pmatrix} -6 & -4 \\ -4 & -1 \\ 1 & 0 \\ 0 & 1 \end{pmatrix}$$

6 連立一次方程式 ${}^tAx=0$ を解けばよい。

$$\begin{pmatrix} -6 & -4 & 1 & 0 \\ -4 & -1 & 0 & 1 \end{pmatrix} \Longrightarrow \begin{pmatrix} 1 & 2/3 & -1/6 & 0 \\ 1 & 1/4 & 0 & -1/4 \end{pmatrix}$$

$$\Longrightarrow \begin{pmatrix} 1 & 2/3 & -1/6 & 0 \\ 0 & -5/12 & 1/6 & -1/4 \end{pmatrix}$$

$$\Longrightarrow \begin{pmatrix} 1 & 2/3 & -1/6 & 0 \\ 0 & 1 & -2/5 & 3/5 \end{pmatrix} \Longrightarrow \begin{pmatrix} 1 & 0 & 1/10 & -2/5 \\ 0 & 1 & -2/5 & 3/5 \end{pmatrix}$$

だから解は

$$x = \frac{x_3}{10}\begin{pmatrix} -1 \\ 4 \\ 10 \\ 0 \end{pmatrix} + \frac{x_4}{5}\begin{pmatrix} 2 \\ -3 \\ 0 \\ 5 \end{pmatrix}$$

であり、次の行列 $B \in \mathrm{Mat}(2,4,\mathbb{R})$ に対し $V = \mathrm{Ker}(B)$ となる。

$$B = \begin{pmatrix} -1 & 4 & 10 & 0 \\ 2 & -3 & 0 & 5 \end{pmatrix}$$

7 $V_1 = \mathrm{Ker}(A_1)$, $V_2 = \mathrm{Ker}(A_2)$ とするとき、

$$A = \begin{pmatrix} A_1 \\ A_2 \end{pmatrix}$$

と置き、連立一次方程式 $Ax = 0$ の基本解を並べた行列を B とすれば $V_1 \cap V_2 = \mathrm{Im}(B)$ である。

8 (i) A の簡約形は

$$\begin{pmatrix} x-1 & x^2-x & 0 & -1 \\ x^2-x & x^3-x^2 & x-1 & x^2-x+1 \\ x^2-1 & x^3-x & x-1 & x^2-x \end{pmatrix}$$
$$\Longrightarrow \begin{pmatrix} x-1 & x^2-x & 0 & -1 \\ 0 & 0 & x-1 & x^2+1 \\ 0 & 0 & x-1 & x^2+1 \end{pmatrix}$$

より次の行列である。

$$\begin{pmatrix} 1 & x & 0 & -\dfrac{1}{x-1} \\ 0 & 0 & 1 & \dfrac{x^2+1}{x-1} \\ 0 & 0 & 0 & 0 \end{pmatrix} \in \mathrm{Mat}(3,4,\mathbb{R}(x))$$

(ii) 次は $\mathrm{Ker}(A)$ の基底である。

$$\left\{ \begin{pmatrix} -x \\ 1 \\ 0 \\ 0 \end{pmatrix}, \begin{pmatrix} 1 \\ 0 \\ -x^2-1 \\ x-1 \end{pmatrix} \right\}$$

(iii) 次は $\mathrm{Im}(A)$ の基底である。

$$\left\{ \begin{pmatrix} 1 \\ x \\ x+1 \end{pmatrix}, \begin{pmatrix} 0 \\ 1 \\ 1 \end{pmatrix} \right\}$$

9 A の簡約形を求めて $Ax=0$ の基本解を求めればよい。基本解は

$$\left\{ \begin{pmatrix} \frac{2}{x-1} \\ -1 \\ 1 \\ 0 \end{pmatrix}, \begin{pmatrix} -\frac{1}{x-1} \\ 0 \\ 0 \\ 1 \end{pmatrix} \right\}$$

だから、B を下記のように定めると $V=\mathrm{Im}(B)$ である。

$$B = \begin{pmatrix} \frac{2}{x-1} & -\frac{1}{x-1} \\ -1 & 0 \\ 1 & 0 \\ 0 & 1 \end{pmatrix}$$

10 (i) A の簡約形を求めると

$$\begin{pmatrix} 1 & 0 & 1 \\ 0 & 1 & 3 \\ 0 & 0 & 0 \end{pmatrix}$$

だから、$V=\mathrm{Im}(A)$ の基底として下記が取れる。

$$\left\{ \begin{pmatrix} 1 \\ 2 \\ 0 \end{pmatrix}, \begin{pmatrix} 0 \\ 2 \\ -1 \end{pmatrix} \right\}$$

(ii) ${}^tAx=0$ を解けば、$B=(4,3,1)$ に対し $V=\mathrm{Ker}(B)$ である。

11 $\mathbb{F}_5$ 成分であることに注意して A の簡約形を計算すると

$$\begin{pmatrix}2&1&1&1\\1&1&2&1\\1&2&1&1\end{pmatrix}\Longrightarrow\begin{pmatrix}1&1&2&1\\2&1&1&1\\1&2&1&1\end{pmatrix}\Longrightarrow\begin{pmatrix}1&1&2&1\\0&4&2&4\\0&1&4&0\end{pmatrix}$$
$$\Longrightarrow\begin{pmatrix}1&1&2&1\\0&1&3&1\\0&1&4&0\end{pmatrix}\Longrightarrow\begin{pmatrix}1&0&4&0\\0&1&3&1\\0&0&1&4\end{pmatrix}\Longrightarrow\begin{pmatrix}1&0&0&4\\0&1&0&4\\0&0&1&4\end{pmatrix}$$

であるから、すべての成分が等しい非零ベクトルを取れば $V=\operatorname{Ker}(A)$ の基底を与える。

12 包含写像 $\operatorname{Ker}(A)\to\mathbb{R}^4$ は単射であり $\operatorname{rank}(B)=2$ より $g:\mathbb{R}^4\to\mathbb{R}^2$ は全射である。また、A を行基本変形すると

$$\begin{pmatrix}1&a&1&-4\\-1&3&2&1\\0&1&1&-1\end{pmatrix}\Longrightarrow\begin{pmatrix}1&0&1-a&a-4\\0&1&1&-1\\0&0&-a&a\end{pmatrix}$$

だから、$a=0$ ならば

$$\operatorname{Ker}(A)=\mathbb{R}\begin{pmatrix}-1\\-1\\1\\0\end{pmatrix}+\mathbb{R}\begin{pmatrix}4\\1\\0\\1\end{pmatrix}$$

となり、$a\neq 0$ ならば

$$\operatorname{Ker}(A)=\mathbb{R}\begin{pmatrix}3\\0\\1\\1\end{pmatrix}$$

となる。ゆえに、$a\neq 0$ のときは $\dim\operatorname{Ker}(A)+\dim\mathbb{R}^2\neq\dim\mathbb{R}^4$ だから短完全系列にならない。$a=0$ のときは

$$\begin{pmatrix}-1&4&3&0\\-1&1&0&3\end{pmatrix}\begin{pmatrix}-1\\-1\\1\\0\end{pmatrix}=\begin{pmatrix}0\\0\end{pmatrix},\qquad\begin{pmatrix}-1&4&3&0\\-1&1&0&3\end{pmatrix}\begin{pmatrix}4\\1\\0\\1\end{pmatrix}=\begin{pmatrix}0\\0\end{pmatrix}$$

より $\mathrm{Im}(f) = \mathrm{Ker}(A) \subseteq \mathrm{Ker}(B) = \mathrm{Ker}(g)$ で、$\dim \mathrm{Ker}(A) = 2$, $\dim \mathrm{Ker}(B) = 4 - \mathrm{rank}(B) = 2$ より $\dim \mathrm{Ker}(A) = \dim \mathrm{Ker}(B)$ だから $\mathrm{Im}(f) = \mathrm{Ker}(g)$ である。以上から、短完全系列になるための条件は $a = 0$ である。

13 $A = (A_1, A_2)$ の簡約形を求める。

$$\begin{pmatrix} 1 & 1 & 1 & 0 \\ -1 & 0 & 0 & 1 \\ 2 & 1 & 1 & 0 \\ 1 & 2 & 2 & 1 \end{pmatrix} \Longrightarrow \begin{pmatrix} 1 & 1 & 1 & 0 \\ 0 & 1 & 1 & 1 \\ 0 & -1 & -1 & 0 \\ 0 & 1 & 1 & 1 \end{pmatrix} \Longrightarrow \begin{pmatrix} 1 & 0 & 0 & -1 \\ 0 & 1 & 1 & 1 \\ 0 & 0 & 0 & 1 \\ 0 & 0 & 0 & 0 \end{pmatrix}$$

$$\Longrightarrow \begin{pmatrix} 1 & 0 & 0 & 0 \\ 0 & 1 & 1 & 0 \\ 0 & 0 & 0 & 1 \\ 0 & 0 & 0 & 0 \end{pmatrix}$$

だから、$\dim \mathrm{Im}(A)/\mathrm{Im}(A_1) = 1$ で基底は次で与えられる。

$$\left\{ \begin{pmatrix} 0 \\ 1 \\ 0 \\ 1 \end{pmatrix} + \mathrm{Im}(A_1) \right\}$$

【第 2 章】

1 $x^3 \equiv 3x - 2 \bmod h(x)$ より下記の x 倍写像の行列表示を得る。

$$x(v_1, v_2, v_3) = (v_2, v_3, -2v_1 + 3v_2) = (v_1, v_2, v_3) \begin{pmatrix} 0 & 0 & -2 \\ 1 & 0 & 3 \\ 0 & 1 & 0 \end{pmatrix}$$

2 $f(x) = (x-2)^2 g(x)$ $(g(x) \in \mathbb{C}[x])$ と書けるならば

$$f'(x) = 2(x-2)g(x) + (x-2)^2 g'(x)$$

より $f(2) = 0$, $f'(2) = 0$ である。他方、$f(2) = 0$ ならば因数定理より

$$f(x) = (x-2)g(x) \qquad (g(x) \in \mathbb{C}[x])$$

と書け、$f'(x) = g(x) + (x-2)g'(x)$ より $f'(2) = g(2)$ だから、さらに $f'(2) = 0$ ならば再び因数定理より $g(x)$ が $x - 2$ で割り切れるので、$f(x)$ が $(x-2)^2$ で割り切れる。

3 W の基底 $\{w_1, \cdots, w_{n-1}\}$ を取り、

$$U = (w_1, \cdots, w_{n-1}) \in \mathrm{Mat}(n, n-1, \mathbb{C})$$

と置くと、$\dim \mathrm{Ker}({}^tU) = 1$ で、$\mathrm{Ker}({}^tU) = \mathbb{C}u$ と書けば $W = \mathrm{Ker}({}^tu)$ である。W は部分加群だから、${}^tuAw_i = 0\ (1 \leq i \leq n-1)$ つまり ${}^t(AU)u = 0$ となり、${}^tAu \in \mathrm{Ker}({}^tU)$ より u は ${}^tA$ の固有ベクトルである。

4 $\mathrm{Hom}_{\mathbb{C}[x]}(M, N)$ は線形写像全体のなす複素線形空間 $\mathrm{Hom}_{\mathbb{C}}(M, N)$ の部分空間だから複素線形空間である。

また、$f \in \mathrm{Hom}_{\mathbb{C}[x]}(M, N)$, $g(x), h(x) \in \mathbb{C}[x]$, $m \in M$ に対し

$$\begin{aligned}(g(x)f)(h(x)m) &= g(x)f(h(x)m) = g(x)h(x)f(m) \\ &= h(x)g(x)f(m) = h(x)(g(x)f)(m)\end{aligned}$$

だから、$g(x)f \in \mathrm{Hom}_{\mathbb{C}[x]}(M, N)$ であり、$\mathbb{C}[x]$ 倍が定義できている。

(i) N は $\mathbb{C}[x]$–加群だから、$g_1(x), g_2(x) \in \mathbb{C}[x]$ に対し、

$$g_1(x)\,(g_2(x)n) = (g_1(x)g_2(x))\,n \qquad (n \in N)$$

が成り立つ。ゆえに、

$$g_1(x)\,(g_2(x)f)\,(m) = g_1(x)\,(g_2(x)f(m)) = (g_1(x)g_2(x))\,f(m)$$

となり、$g_1(x)(g_2(x)f) = (g_1(x)g_2(x))f$ を得る。

(ii) N は $\mathbb{C}[x]$–加群だから、$g_1(x), g_2(x) \in \mathbb{C}[x]$ に対し

$$(g_1(x) + g_2(x))n = g_1(x)n + g_2(x)n \qquad (n \in N)$$

が成り立つ。ゆえに、$m \in M$ に対し

$$\begin{aligned}((g_1(x) + g_2(x))f)\,(m) &= (g_1(x) + g_2(x))f(m) \\ &= g_1(x)f(m) + g_2(x)f(m) \\ &= (g_1(x)f)\,(m) + (g_2(x)f)\,(m) \\ &= (g_1(x)f + g_2(x)f)\,(m)\end{aligned}$$

となり、$(g_1(x) + g_2(x))f = g_1(x)f_1 + g_2(x)f_2$ を得る。

(iii) N は $\mathbb{C}[x]$–加群だから、$g(x) \in \mathbb{C}[x]$ に対し

$$g(x)(n_1 + n_2) = g(x)n_1 + g(x)n_2 \qquad (n_1, n_2 \in N)$$

が成り立つ。ゆえに、$m \in M$ に対し

$$\begin{aligned}(g(x)(f_1+f_2))(m) &= g(x)(f_1(m)+f_2(m))\\ &= g(x)f_1(m)+g(x)f_2(m)\\ &= (g(x)f_1)(m)+(g(x)f_2)(m)\\ &= (g(x)f_1+g(x)f_2)(m)\end{aligned}$$

となり、$g(x)(f_1+f_2)=g(x)f_1+g(x)f_2$ を得る。

(iv) $1f=f$ は定義より明らか。

5 $u\in M$ が $h(x)u=0$ をみたすとき、$\varphi_u\in \mathrm{Hom}_{\mathbb{C}[x]}(\mathbb{C}[x]/(h),M)$ を

$$\varphi_u:\ g(x) \bmod h(x)\mapsto g(x)u$$

で定めると

(1) $\varphi_{u+v}=\varphi_u+\varphi_v\ (h(x)u=0, h(x)v=0, u,v\in M)$,
(2) $\varphi_{g(x)u}=g(x)\varphi_u\ (g(x)\in\mathbb{C}[x], h(x)u=0, u\in M)$

が成り立ち、$\mathbb{C}[x]$–加群準同型

$$\{u\in M\mid h(x)u=0\}\longrightarrow \mathrm{Hom}_{\mathbb{C}[x]}(\mathbb{C}[x]/(h),M)$$

を与える。この写像が題意の $\mathbb{C}[x]$–加群準同型

$$\mathrm{Hom}_{\mathbb{C}[x]}(\mathbb{C}[x]/(h),M)\longrightarrow\{u\in M\mid h(x)u=0\}$$

の逆写像であることを示せばよい。実際、$f\in\mathrm{Hom}_{\mathbb{C}[x]}(\mathbb{C}[x]/(h),M))$ が $f(1 \bmod h(x))=u$ をみたせば

$$f(g(x) \bmod h(x))=g(x)f(1 \bmod h(x))=g(x)u$$

より $f=\varphi_u$ であり、他方 $\varphi_u(1 \bmod h(x))=u$ である。

6 題意の線形写像

$$f(x) \bmod h(x)\in\mathbb{C}[x]/(h)\mapsto f\left(\frac{d}{dt}\right)u_0$$

が $\mathbb{C}[x]$–加群準同型であることは明らかである。n 次元複素線形空間のあいだの線形写像であるから、題意を示すには単射であることを示せばよい。積の微分法より、$g_k(t)\in\mathbb{C}[t]$ が存在して

$$\frac{d^k u_0}{dt^k}=\sum_{i=0}^{k}\binom{k}{i}\frac{t^{n-1-i}}{(n-1-i)!}\lambda^{k-i}e^{\lambda t}=\frac{t^{n-1-k}}{(n-1-k)!}e^{\lambda t}(1+tg_k(t))$$

と書けるから、

$$\left\{ \frac{d^k u_0}{dt^k} \,\middle|\, 0 \leq k \leq n-1 \right\}$$

は一次独立であり、$0 \neq g(x) \in \mathbb{C}[x]$ の次数が $\deg g(x) \leq n-1$ ならば

$$g\left(\frac{d}{dt}\right) u_0 \neq 0$$

を得る。ゆえに題意の写像は単射である。

7 上記の **4** より $\mathrm{Hom}_{\mathbb{C}[x]}(\mathbb{C}[x]/(h), \mathbb{C}[\mathbb{N}])$ は漸化式

$$f_{n+3} - 3f_{n+1} - 2f_n = 0$$

をみたす数列全体のなす $\mathbb{C}[x]$–加群と同型である。

$$g_n = f_{n+1} + f_n$$

と置くと $g_{n+2} - g_{n+1} - 2g_n = 0$ だから

$$g_{n+2} + g_{n+1} = 2(g_{n+1} + g_n)$$

$$g_{n+2} - 2g_{n+1} = -(g_{n+1} - 2g_n)$$

より $C_1, C_2 \in \mathbb{C}$ を定数として

$$g_{n+1} + g_n = 3C_1 2^n, \qquad g_{n+1} - 2g_n = -3C_2(-1)^n$$

と書ける。つまり $g_n = C_1 2^n + C_2(-1)^n$ が一般項であるから、f_n は次の漸化式の一般項の線形結合である。

$$f_{n+1} + f_n = 2^n, \qquad f_{n+1} + f_n = (-1)^n$$

これらの漸化式を解くには特殊解を探せばよい。一般項は各々

$$f_n = \frac{1}{3}2^n + C(-1)^n, \qquad f_n = -n(-1)^n + C(-1)^n$$

であるから、改めて C_1, C_2, C_3 を定数として f_n の一般項は

$$f_n = C_1 2^n + C_2(-1)^n + C_3 n(-1)^n$$

である。$u_0 \in \mathbb{C}[\mathbb{N}]$ を $u_0(n) = 2^n + n(-1)^n$ $(n \in \mathbb{N})$ とすると

$$\frac{1}{3}(x^2 - x - 2)u_0 : \ n \mapsto (-1)^n,$$

$$\frac{1}{9}(x^2 + 2x + 1)u_0 : \ n \mapsto 2^n,$$

$$\frac{1}{9}(-x^2 - 2x + 8)u_0 : \ n \mapsto n(-1)^n$$

だから、$g(x) \bmod h(x) \mapsto g(x)u_0$ で定めた $\mathbb{C}[x]$–加群準同型

$$\mathbb{C}[x]/(h(x)) \longrightarrow \{u \in \mathbb{C}[\mathbb{N}] \mid (x^3 - 3x - 2)u = 0\}$$

は 3 次元複素線形空間のあいだの全射になり、$\mathbb{C}[x]$–加群同型である。

8 (i) 零数列 $f_n = 0$ $(n \in \mathbb{N})$ は任意の非自明な斉次線形漸化式をみたす。

$f_1, f_2 \in L$ とする。このとき最高次の係数が 1 の多項式 $g_1(x), g_2(x) \in \mathbb{C}[x]$ が存在して $g_1(x)f_1 = 0$, $g_2(x)f_2 = 0$ だから、

$$g_1(x)g_2(x)(f_1 + f_2) = g_2(x)(g_1(x)f_1) + g_1(x)(g_2(x)f_2) = 0$$

より $f_1 + f_2 \in L$ である。次に $f \in L$ とする。このとき最高次の係数が 1 の多項式 $g(x) \in \mathbb{C}[x]$ が存在して $g(x)f = 0$ だから、任意の多項式 $f(x) \in \mathbb{C}[x]$ に対し

$$g(x)(f(x)f) = f(x)(g(x)f) = 0$$

より $f(x)f \in L$ である。

(ii) $f \in \mathbb{C}[\mathbb{N}]$ が分離的数列のとき、漸化式を解けば、$a_1, \cdots, a_d \in \mathbb{C}$ が存在して f の一般項が

$$f_n = a_1\alpha_1^{n-1} + \cdots + a_d\alpha_d^{n-1} \qquad (n \in \mathbb{N})$$

と与えられる。他方、この形の一般項をもつ数列 $f \in \mathbb{C}[\mathbb{N}]$ は

$$g(x) = (x - \alpha_1)\cdots(x - \alpha_d)$$

に対し $g(x)f = 0$ となるから分離的である。すなわち、f が分離的数列であることと等比数列の線形結合であることは同値であるから、分離的数列の和は分離的数列である。また、$f \in \mathbb{C}[\mathbb{N}]$ が分離的数列のとき、$f(x) \in \mathbb{C}[x]$ に対し $f(x)f$ が分離的数列になること、零数列が分離的であること、はともに明らかである。

(iii) $f \in \mathbb{C}[\mathbb{N}]$ に対し、階差数列 $f' \in \mathbb{C}[\mathbb{N}]$ を $f'_n = f_{n+1} - f_n$ $(n \in \mathbb{N})$ で定めると $f' = (x-1)f$ である。一般項が $f_n = n^k$ ならば階差数列を $k+1$ 回取れば零数列になるから $g(x) = (x-1)^{k+1}$ に対し $g(x)f = 0$ となる。すなわち $f \in L$ である。また、等比数列の線形結合ではないので分離的数列ではない。

【第 3 章】

1 (i) e_1, e_2 を $\mathbb{Z}[x]^2$ の標準基底とする。$\psi \in \mathrm{End}_{\mathbb{Z}[x]}(\mathbb{Z}[x]^2)$ に対し

$$\psi : \begin{pmatrix} f_1(x) \\ f_2(x) \end{pmatrix} \mapsto \psi(f_1(x)e_1 + f_2(x)e_2) = f_1(x)\psi(e_1) + f_2(x)\psi(e_2)$$

なので、$A = (\psi(e_1), \psi(e_2)) \in \mathrm{Mat}(2, 2, \mathbb{Z}[x])$ と置けば

$$\psi: \begin{pmatrix} f_1(x) \\ f_2(x) \end{pmatrix} \mapsto A \begin{pmatrix} f_1(x) \\ f_2(x) \end{pmatrix}$$

であり、逆にこの形の写像は $\mathrm{End}_{\mathbb{Z}[x]}(\mathbb{Z}[x]^2)$ に属する。

(ii) 作用写像の定める環準同型 $\mathbb{Z}[x] \to \mathrm{End}_{\mathbb{Z}[x]}(\mathbb{Z}[x]^2)$ は次の通り。

$$f(x) \in \mathbb{Z}[x] \mapsto \begin{pmatrix} f(x) & 0 \\ 0 & f(x) \end{pmatrix} \in \mathrm{Mat}(2, 2, \mathbb{Z}[x]) = \mathrm{End}_{\mathbb{Z}[x]}(\mathbb{Z}[x]^2)$$

2 (i) $\mathrm{End}_{\mathbb{Z}[x]}(\mathbb{Z}^2) = \mathrm{Mat}(2, 2, \mathbb{Z})$ である。実際、左辺の要素は $\mathbb{Z}$ 倍と可換ゆえ整数行列の $\mathbb{Z}^2$ への積になり、そのとき自動的に $f(3)$ 倍写像と可換になる。

(ii) 作用写像の定める環準同型 $\mathbb{Z}[x] \to \mathrm{End}_{\mathbb{Z}[x]}(\mathbb{Z}^2)$ は次の通り。

$$f(x) \in \mathbb{Z}[x] \mapsto \begin{pmatrix} f(3) & 0 \\ 0 & f(3) \end{pmatrix} \in \mathrm{Mat}(2, 2, \mathbb{Z}) = \mathrm{End}_{\mathbb{Z}[x]}(\mathbb{Z}^2)$$

3 (i) $f \in \mathrm{End}_S(M)$ ならば、$r \in R$ に対し

$$f(rm) = f(\psi(r)m) = \psi(r)f(m) = rf(m) \qquad (m \in M)$$

だから $f \in \mathrm{End}_R(M)$ である。

(ii) $f \in \mathrm{End}_R(M)$ とする。$\psi: R \to S$ が全射ゆえ、任意の $s \in S$ は $s = \psi(r)$ と書けるので、

$$f(\psi(r)m) = f(rm) = rf(m) = \psi(r)f(m) \qquad (m \in M)$$

より $f \in \mathrm{End}_S(M)$ を得る。

4 (i) $a \mod 2$ を a と略記し、$(1,0), (0,1), (1,1)$ が部分加群に含まれるかで分類する。3 個のうち 2 個含めば残りの 1 個も含むことに注意すれば、部分加群は次の通りである。

$$\{(0,0)\},\ \{(0,0),(1,0)\},\ \{(0,0),(0,1)\},\ \{(0,0),(1,1)\},\ \{(0,0),(1,0),(0,1),(1,1)\}$$

(ii) $a \mod 4$ を a と略記する。部分加群が 1 または 3 を含めば $\mathbb{Z}/(4)$ に一致することに注意すれば、部分加群は次の通り。

$$\{0\},\ \{0,2\},\ \{0,1,2,3\}$$

5 $h \in \mathbb{N}$ に対し $h \mod 10 \in V$ とする。

$$h = qg + r \qquad (q, r \in \mathbb{N},\ 1 \leq r \leq g-1)$$

とすると、$r \mod 10 = (h \mod 10) - q(g \mod 10) \in V$ となるので g の最小性に反する。

ゆえに $h = qg$ $(q \in \mathbb{N})$ と書けるので

$$V \subseteq \{ag \bmod 10 \mid a \in \mathbb{Z}\}$$

である。逆の包含関係は明らか。$a \bmod 10$ を a と略記し、$g = 1, 2, \cdots, 9$ に対して $\{ag \bmod 10 \mid a \in \mathbb{Z}\}$ を考えれば、$\mathbb{Z}/(10)$ の部分加群は次の通り。

$$\{0\},\ \ \{0,2,4,6,8\},\ \ \{0,5\},\ \ \{0,1,2,3,4,5,6,7,8,9\}$$

6 (i) $\mathbb{C}^2$ の $\mathbb{C}$–部分加群は複素線形空間 $\mathbb{C}^2$ の部分空間に他ならないので、$\{0\}$, $\mathbb{C}^2$ と 1 次元部分空間

$$\mathbb{C}\begin{pmatrix}0\\1\end{pmatrix},\quad \mathbb{C}\begin{pmatrix}1\\c\end{pmatrix}\qquad (c \in \mathbb{C})$$

が $\mathbb{C}^2$ の $\mathbb{C}$–部分加群である。

(ii) $\{0\}$, $\mathbb{C}^2$ は $\mathbb{C}[x]$–部分加群であるから 1 次元部分加群を求めればよいが、A の固有空間

$$\mathbb{C}\begin{pmatrix}1\\0\end{pmatrix}$$

が唯一の 1 次元部分加群である。

(iii) $\{0\}$, $\mathbb{C}^2$ は $\mathbb{C}[x]$–部分加群であり、1 次元部分加群を求めればよい。A の固有空間

$$\mathbb{C}\begin{pmatrix}1\\1\end{pmatrix},\quad \mathbb{C}\begin{pmatrix}1\\-1\end{pmatrix}$$

が残りの 1 次元部分加群である。

7 $\{0\}$ と V は部分加群である。また 1 次元部分加群は

$$V_1 = \mathbb{C}\begin{pmatrix}0\\1\\1\end{pmatrix},\qquad V_2 = \mathbb{C}\begin{pmatrix}1\\1\\0\end{pmatrix}$$

に限る。2 次元部分加群を求めるには、${}^tA$ の固有ベクトル v を求めて、$\mathrm{Ker}({}^tv)$ を考えればよい。2 次元部分加群は

$$V_3 = \mathrm{Ker}((1,-1,1)) = \mathbb{C}\begin{pmatrix}0\\1\\1\end{pmatrix} + \mathbb{C}\begin{pmatrix}1\\1\\0\end{pmatrix},$$

$$V_4 = \mathrm{Ker}((1,-1,0)) = \mathbb{C}\begin{pmatrix}1\\1\\0\end{pmatrix} + \mathbb{C}\begin{pmatrix}0\\0\\1\end{pmatrix}$$

に限る。

8 V と 0 は $\mathbb{F}_3[x]$–部分加群である。A の固有多項式は $\det(xE-A)=x^3$ だから、A の固有値は 0 のみである。固有ベクトルを求めると

$$\pm\begin{pmatrix}0\\1\\2\end{pmatrix},\qquad \pm\begin{pmatrix}1\\1\\1\end{pmatrix},\qquad \pm\begin{pmatrix}1\\2\\0\end{pmatrix},\qquad \pm\begin{pmatrix}1\\0\\2\end{pmatrix}$$

の 8 個で、計 4 個の 1 次元部分加群が得られる。A は対称行列だから ${}^tA$ の固有ベクトルも同じで次の計 4 個の 2 次元部分加群も得られる。

$$\mathrm{Ker}((0,1,2)) = \mathbb{F}_3\begin{pmatrix}1\\0\\0\end{pmatrix} + \mathbb{F}_3\begin{pmatrix}0\\1\\1\end{pmatrix},\qquad \mathrm{Ker}((1,1,1)) = \mathbb{F}_3\begin{pmatrix}2\\1\\0\end{pmatrix} + \mathbb{F}_3\begin{pmatrix}2\\0\\1\end{pmatrix}$$

$$\mathrm{Ker}((1,2,0)) = \mathbb{F}_3\begin{pmatrix}0\\0\\1\end{pmatrix} + \mathbb{F}_3\begin{pmatrix}1\\1\\0\end{pmatrix},\qquad \mathrm{Ker}((1,0,2)) = \mathbb{F}_3\begin{pmatrix}0\\1\\0\end{pmatrix} + \mathbb{F}_3\begin{pmatrix}1\\0\\1\end{pmatrix}$$

9 $V=(v_1,v_2)$ と置くと

$$\begin{pmatrix}x & -1\\ 1 & x+1\end{pmatrix}V = \begin{pmatrix}x^2 & x^2-x+1\\ x^2+2x+1 & x^2+x-1\end{pmatrix}$$

である。逆行列の公式より

$$V^{-1} = \begin{pmatrix}-x+1 & x\\ x & -x-1\end{pmatrix}$$

だから、V^{-1} を左から掛けて行列表示を得る。

$$\begin{pmatrix}x^2 & x^2-x+1\\ x^2+2x+1 & x^2+x-1\end{pmatrix} = (v_1,v_2)\begin{pmatrix}3x^2+x & 3x^2-3x+1\\ -3x^2-3x-1 & -3x^2+x+1\end{pmatrix}$$

10 (i) $NB=BM$, $N'B=BM$ ならば $(N-N')B=O$ かつ $\mathrm{Im}(B)=\mathbb{K}^n$ より $N=N'$ である。

(ii) $AL = MA$, $AL' = MA$ ならば $A(L - L') = O$ かつ $\mathrm{Ker}(A) = 0$ より $L = L'$ である。

(iii) $y \in \mathbb{K}^n$ に対し $z \in \mathbb{K}^m$ を $g(z) = y$ となるように取る。$g(z') = y$ ならば $z - z' \in \mathrm{Ker}(g) = \mathrm{Im}(f)$ だから $z + \mathrm{Im}(f)$ はただひと通りに決まる。そこで、$h : \mathbb{K}^n \to \mathbb{K}^m / \mathrm{Im}(f)$ を $h(y) = z + \mathrm{Im}(f)$ と定める。

(a) $y_1, y_2 \in \mathbb{K}^n$ に対し $z_1, z_2 \in \mathbb{K}^m$ を $g(z_1) = y_1$, $g(z_2) = y_2$ となるように取ると、$g(z_1 + z_2) = y_1 + y_2$ だから

$$\begin{aligned} h(y_1 + y_2) &= (z_1 + z_2) + \mathrm{Im}(f) \\ &= (z_1 + \mathrm{Im}(f)) + (z_2 + \mathrm{Im}(f)) = h(y_1) + h(y_2) \end{aligned}$$

である。また、$y \in \mathbb{K}^n$ に対し $z \in \mathbb{K}^m$ を $g(z) = y$ となるように取れば $c(x) \in \mathbb{K}[x]$ に対し $g(c(x)z) = c(x)g(z) = c(x)y$ だから、

$$h(c(x)y) = c(x)z + \mathrm{Im}(f) = c(x)(z + \mathrm{Im}(f)) = c(x)h(y)$$

である。以上から $h : \mathbb{K}^n \to \mathbb{K}^m / \mathrm{Im}(f)$ は $\mathbb{K}[x]$–加群準同型である。

(b) $h(y) = 0$ ならば $z \in \mathrm{Im}(f) = \mathrm{Ker}(g)$ に対して $y = g(z)$ だから $y = 0$ となる。ゆえに h は単射である。他方、$x \in \mathbb{K}^m$ に対して $g(x) = y$ と置けば $h(y) = x + \mathrm{Im}(f)$ だから h は全射である。

11 (i) $Ax = 0$ より $x = 0$ が得られるから f は単射である。また $\{e_1, e_2, e_3, e_4\}$ を $\mathbb{Z}^4$ の標準基底、$\{f_1, f_2\}$ を $\mathbb{Z}^2$ の標準基底とすると

$$f_1 = Be_1, \qquad f_2 = B(-2e_1 + e_2)$$

だから g は全射である。$\mathrm{Ker}(B)$ を計算すれば $\mathrm{Ker}(B) = \mathrm{Im}(A)$ を得る。

(ii) $s : \mathbb{Z}^2 \to \mathbb{Z}^4$ を $s(f_1) = e_1$, $s(f_2) = -2e_1 + e_2$ と定めればよい。

12 (i) $g \circ s = \mathrm{id}_N$ をみたす R–加群準同型 $s : N \to M$ が存在するとき、R–加群準同型 $r : M \to L$ を

$$m \mapsto m - s \circ g(m) \in \mathrm{Ker}(g) = \mathrm{Im}(f) \simeq L$$

と定義すれば、$f(r \circ f(l)) = f(l) - s(g(f(l))) = f(l)$ と f が単射より $r \circ f(l) = l$ $(l \in L)$ である。

他方、$r \circ f = \mathrm{id}_L$ をみたす R–加群準同型 $r : M \to L$ が存在するとき、R–加群準同型 $M \to M$ を $m \mapsto m - f \circ r(m)$ $(m \in M)$ とすれば、$m \in \mathrm{Ker}(g) = \mathrm{Im}(f)$ に対し

$$m = f(l) \mapsto f(l) - f(r \circ f(l)) = 0$$

となるから、R–加群準同型 $M/\operatorname{Ker}(g) \to M$ を定める。そこで R–加群準同型 $s : N \to M$ を $s : N \simeq M/\operatorname{Ker}(g) \to M$ と定める。すると、$n = g(m + \operatorname{Ker}(g))$ に対し

$$g \circ s(n) = g(m) - g(f(r(m))) = g(m) = n \qquad (n \in N)$$

である。

(ii) (a) が成り立つとき、R–加群準同型 $h : L \times N \to M$ を

$$(l, n) \in L \times N \mapsto f(l) + s(n) \in M$$

で定義する。$m \in M$ に対し $m - s \circ g(m) \in \operatorname{Ker}(g) = \operatorname{Im}(f)$ より h は全射であり、$f(l) + s(n) = 0$ なら $n = g \circ s(n) = -g \circ f(l) = 0$ だから $f(l) = 0$ であるが、f が単射だから $l = 0$ である。ゆえに R–加群同型 $L \times N \simeq M$ を得る。

(iii) 体 R 上の次元を $\dim L = l, \dim M = m, \dim N = n$ と置く。短完全系列の次元の関係式より $m = l + n$ である。$\operatorname{Ker}(g) = \operatorname{Im}(f)$ の基底 $\{e_1, \cdots, e_l\}$ を取れば基底の延長定理より $e_{l+1}, \cdots, e_m \in M$ を選び M の基底を得ることができる。$f_i = g(e_{l+i})$ $(1 \leq i \leq n)$ と置けば $\{f_1, \cdots, f_n\}$ は N の基底である。実際、$g : M \to N$ が全射より $\{f_1, \cdots, f_n\}$ が N を生成し、$\dim N = n$ より一次独立になる。以上から、$s : N \to M$ を $s(f_i) = e_{l+i}$ $(1 \leq i \leq n)$ と定めれば $g \circ s(f_i) = f_i$ を得る。

註 1 $\mathbb{K} = \mathbb{R}$ のとき $s : L \to M$ と $r : M \to L$ を簡潔な行列表示で与えたのが Moore–Penrose 型一般逆行列である。

13 (i) 仮定より $\operatorname{Hom}_R(N, L)$, $\operatorname{Hom}_R(M, L)$, $\operatorname{Hom}_R(L, L)$ に $\mathbb{K}$ 倍が定義されるので $\mathbb{K}$–加群、すなわち線形空間である。$M \simeq L \oplus N$ より

$$\operatorname{Hom}_R(M, L) \simeq \operatorname{Hom}_R(N, L) \times \operatorname{Hom}_R(L, L)$$

だから、$\dim \operatorname{Hom}_R(M, L) = \dim \operatorname{Hom}_R(N, L) + \dim \operatorname{Hom}_R(L, L)$ を得る。次に

$$0 \longrightarrow \operatorname{Hom}_R(N, L) \xrightarrow{g^*} \operatorname{Hom}_R(M, L) \xrightarrow{f^*} \operatorname{Im}(f^*) \longrightarrow 0$$

が短完全系列になることを示す。$g^*(\varphi) = 0$ なら $\varphi(N) = \varphi(\operatorname{Im}(g)) = 0$ より $\varphi = 0$ となるから g^* は単射である。次に $g \circ f = 0$ より $f^* \circ g^* = 0$ だから $\operatorname{Im}(g^*) \subseteq \operatorname{Ker}(f^*)$ であり、$f^*(\psi) = 0$ ならば

$$N = \operatorname{Im}(g) \xrightarrow{\bar{g}^{-1}} M/\operatorname{Ker}(g) = M/\operatorname{Im}(f) \longrightarrow L :\ x + \operatorname{Im}(f) \mapsto \psi(x)$$

が定義できる。左端の準同型は $\bar{g} : x + \operatorname{Ker}(g) \mapsto g(x)$ であり、準同型定理より同型である。こうして得られた R–加群準同型 $N \to L$ の g^* による像が ψ だから、$\operatorname{Im}(g^*) = \operatorname{Ker}(f^*)$ を得る。ここで

$$\dim \operatorname{Im}(f^*) = \dim \operatorname{Hom}_R(M, L) - \dim \operatorname{Hom}_R(N, L) = \dim \operatorname{Hom}_R(L, L)$$

に注意すれば $\mathrm{Im}(f^*) = \mathrm{Hom}_R(L, L)$ を得る。

(ii) 分裂短完全系列ならば $M \simeq L \times N$ になることは前問で示したから、$M \simeq L \times N$ のとき分裂短完全系列になることを示せばよい。(i) より f^* が全射だから、$r \in \mathrm{Hom}_R(M, L)$ が存在して $r \circ f = \mathrm{id}_L$ となる。

14 f が単射であることと、g が全射であることは明らか。また、$g \circ f = 0$ だから $\mathrm{Im}(f) \subseteq \mathrm{Ker}(g)$ である。$x \in 2\mathbb{Z}, f_1 = f_2 = \cdots = 0$ なら $f(x/2) = (x, f_1, f_2, \cdots)$ だから $\mathrm{Ker}(g) \subseteq \mathrm{Im}(f)$ も成り立つ。$\mathbb{Z}$–加群準同型 $r : \mathbb{Z} \times \mathbb{F}_2[\mathbb{N}] \to \mathbb{Z}$ に対し、$r \circ f(1) = r(2, 0) = 2r(1, 0) \in 2\mathbb{Z}$ だから $r \circ f(1) \neq 1$ より $r \circ f = \mathrm{id}$ になり得ない。ゆえに短完全系列が分裂しないことがわかる。

15 (i) L' は有限加法群なので $nL' = 0$ となる $n \in \mathbb{N}$ が取れることに注意すれば $f(L')$ の $\mathbb{Z}^m$ 成分は 0 であり、$f(L') \subseteq M'$ を得る。同様にして $g(M') \subseteq N'$ を得る。ゆえに短完全系列

$$0 \longrightarrow L' \xrightarrow{f} M' \xrightarrow{g} g(M') \longrightarrow 0$$

より $|M'| = |L'||g(M')|$ を示すことができる。$mL' = 0, mM' = 0, mN' = 0$ となる $m \in \mathbb{N}$ を取ると $M' = \{x \in M \mid mx = 0\}$ だから、$M \simeq L \times N$ の仮定より $M' \simeq L' \times N'$ となり、今度は $|M'| = |L'||N'|$ を得るから $|g(M')| = |N'|$ より $g(M') = N'$ となる。

$$0 \longrightarrow L/L' \xrightarrow{f} M/M' \xrightarrow{g} N/N' \longrightarrow 0$$

が短完全系列になることを示そう。g は明らかに全射である。$g(x) \in N'$ のとき、$x' \in M'$ を $g(x') = g(x)$ となるように取れば $x - x' = f(y)$ となる $y \in L$ が存在し、$x + M' = f(y + L')$ である。また、$f(y) \in M'$ とすると $m \in \mathbb{N}$ が存在して $f(my) = mf(y) = 0$ となるから $my = 0$ であり、$y \in L'$ を得る。

(ii) 前問と同じ議論で短完全系列

$$0 \longrightarrow \mathrm{Hom}_{\mathbb{Z}}(N', L') \xrightarrow{g^*} \mathrm{Hom}_{\mathbb{Z}}(M', L') \xrightarrow{f^*} f^*(\mathrm{Hom}_{\mathbb{Z}}(M', L')) \longrightarrow 0$$

を得る。他方、$M' \simeq L' \times N'$ より

$$\mathrm{Hom}_{\mathbb{Z}}(M', L') \simeq \mathrm{Hom}_{\mathbb{Z}}(N', L') \times \mathrm{Hom}_{\mathbb{Z}}(L', L')$$

となり $|\mathrm{Hom}_{\mathbb{Z}}(M', L')| = |\mathrm{Hom}_{\mathbb{Z}}(N', L')||\mathrm{Hom}_{\mathbb{Z}}(L', L')|$ を得るから、個数の比較により $f^*(\mathrm{Hom}_{\mathbb{Z}}(M', L')) = \mathrm{Hom}_{\mathbb{Z}}(L', L')$ となる。

(iii) $\mathbb{Z}$–加群準同型

$$\mathbb{Z}^l \simeq L/L' \xrightarrow{f} M/M' \simeq \mathbb{Z}^m, \ \ \mathbb{Z}^m \simeq M/M' \xrightarrow{g} N/N' \simeq \mathbb{Z}^n$$

を $A \in \mathrm{Mat}(m, l, \mathbb{Z}), B \in \mathrm{Mat}(n, m, \mathbb{Z})$ を用いて行列表示すれば、

$$0 \longrightarrow \mathbb{Z}^l \overset{x \mapsto Ax}{\longrightarrow} \mathbb{Z}^m \overset{x \mapsto Bx}{\longrightarrow} \mathbb{Z}^n \longrightarrow 0$$

は短完全系列である。$\mathbb{Z}^n$ の標準基底 $\{e_1, \cdots, e_n\}$ に対し、$Bc_i = e_i$ $(1 \leq i \leq n)$ をみたす $c_i \in \mathbb{Z}^m$ を取れるから、$C = (c_1, \cdots, c_n) \in \mathrm{Mat}(m, n, \mathbb{Z})$ と置けば $BC = E$ となる。$x \mapsto Cx$ に対応する $s : N/N' \to M/M'$ が求める $\mathbb{Z}$–加群準同型である。

(iv) $M \simeq L \times N$ のとき $g \circ s = \mathrm{id}_N$ をみたす $s : N \to M$ を与えればよい。$s' : N' \to M'$ を $g \circ s' = \mathrm{id}_{N'}$ となるように取り、$s : N \to M$ の N' への制限を s' で与える。次に、s の $\mathbb{Z}^n$ への制限 $\mathbb{Z}^n \to M$ を求めるため、$g : \mathbb{Z}^m \to N = \mathbb{Z}^n \times N'$ を $g(x) = (Bx, g'(x))$ と書き、(iii) で得られた行列 $C \in \mathrm{Mat}(m, n, \mathbb{Z})$ を用いて

$$s(x) = (Cx, s''(x)) \in \mathbb{Z}^m \times M' \qquad (s'' : \mathbb{Z}^n \longrightarrow M')$$

と書けば、$g \circ s = \mathrm{id}_N$ となるための条件は

$$g \circ s(x) = g(Cx, s''(x)) = (BCx, g'(Cx) + g(s''(x))) = (x, 0)$$

であるから、$s'' : \mathbb{Z}^n \to M'$ を選んで $g \circ s''$ が $x \mapsto -g'(Cx)$ の定める $\mathbb{Z}$–加群準同型 $\mathbb{Z}^n \to N'$ に等しいことを示せばよい。$\{e_1, \cdots, e_n\}$ を $\mathbb{Z}^n$ の標準基底とする。$g : M' \to N'$ が全射だから、$g(m_i) = -g'(Ce_i)$ をみたす $m_i \in M'$ が取れる。ゆえに、$s''(e_i) = m_i$ $(1 \leq i \leq n)$ と置けば求める $s'' : \mathbb{Z}^n \to M'$ が得られる。

【第 4 章】

1 $p = 13$ のとき $-5 \times 5 + 2 \times 13 = 1$ だから $(5 \bmod 13)^{-1} = 8 \bmod 13$ である。

2 $x^2 + 1 = (x-2)(x-3) \in \mathbb{F}_5[x]$ である。もし $x^2 + 1 \in \mathbb{F}_3[x]$ が 1 次式の積に因数分解できるならば、$0, \pm 1 \in \mathbb{F}_3$ のどれかが $x^2 + 1 = 0$ をみたすはずだが、そうならないので $x^2 + 1 \in \mathbb{F}_3[x]$ は因数分解できない。

3 A を Smith 標準形に変形していくと

$$\begin{pmatrix} 1 & 5 & 0 & 3 \\ 3 & 3 & 8 & 5 \\ -1 & 7 & 4 & 13 \end{pmatrix} \Longrightarrow \begin{pmatrix} 1 & 5 & 0 & 3 \\ 0 & -12 & 8 & -4 \\ 0 & 12 & 4 & 16 \end{pmatrix} \Longrightarrow \begin{pmatrix} 1 & 0 & 0 & 0 \\ 0 & -12 & 8 & -4 \\ 0 & 12 & 4 & 16 \end{pmatrix}$$

$$\Longrightarrow \begin{pmatrix} 1 & 0 & 0 & 0 \\ 0 & -4 & 8 & -12 \\ 0 & 16 & 4 & 12 \end{pmatrix} \Longrightarrow \begin{pmatrix} 1 & 0 & 0 & 0 \\ 0 & 4 & -8 & 12 \\ 0 & 0 & 36 & -36 \end{pmatrix}$$

$$\Longrightarrow \begin{pmatrix} 1 & 0 & 0 & 0 \\ 0 & 4 & 0 & 0 \\ 0 & 0 & 36 & -36 \end{pmatrix} \Longrightarrow \begin{pmatrix} 1 & 0 & 0 & 0 \\ 0 & 4 & 0 & 0 \\ 0 & 0 & 36 & 0 \end{pmatrix}$$

4 $x, y \in \mathbb{Z}$ ならば

$$(x+y)^p = x^p + \sum_{k=1}^{p-1} \binom{p}{k} x^k y^{p-k} + y^p$$

であるが、$1 \leq k \leq p-1$ のとき二項係数の分母 $k!$ は p で割り切れず、二項係数の分子 $p(p-1)\cdots(p-k+1)$ は p で割り切れるから両端以外の項はすべて p の倍数である。ゆえに $\mathbb{F}_p = \mathbb{Z}/(p)$ において $(x+y)^p = x^p + y^p$ が成り立つ。$x^p = x$ なら $(x+1)^p = x^p + 1^p = x+1$ だから、$\mathbb{F}_p$ のすべての要素に対し $x^p = x$ である。

5 (i) 行列の積を計算すれば $A_1 A_0 = O$ だから $d_1 \circ d_0 = 0$ であり、$i \neq 1$ のときは $C^{i-1} = 0$ または $C^{i+1} = 0$ だから $d_i \circ d_{i-1} = 0$ である。

(ii) $H^i(C^\bullet) = 0$ $(i \neq 0, 1, 2)$ であり、$i = 0, 1, 2$ のときは

$$H^0(C^\bullet) = \operatorname{Ker}(d_0), \qquad H^1(C^\bullet) = \operatorname{Ker}(d_1)/\operatorname{Im}(d_0), \qquad H^2(C^\bullet) = \mathbb{Z}^4/\operatorname{Im}(d_1)$$

である。$A_0 \in \operatorname{Mat}(6, 4, \mathbb{Z})$, $A_1 \in \operatorname{Mat}(4, 6, \mathbb{Z})$ は

$$A_0 = \begin{pmatrix} 1 & -1 & 0 & 0 \\ -1 & 0 & 1 & 0 \\ 0 & 1 & -1 & 0 \\ 1 & 0 & 0 & -1 \\ 0 & 1 & 0 & -1 \\ 0 & 0 & 1 & -1 \end{pmatrix}, \qquad A_1 = \begin{pmatrix} -1 & -1 & -1 & 0 & 0 & 0 \\ 1 & 0 & 0 & -1 & 1 & 0 \\ 0 & 1 & 0 & 1 & 0 & -1 \\ 0 & 0 & 1 & 0 & -1 & 1 \end{pmatrix}$$

だから、まず行基本変形だけで変形していくと

$$A_0 \Longrightarrow \begin{pmatrix} 1 & 0 & 0 & -1 \\ 0 & 1 & 0 & -1 \\ 0 & 0 & 1 & -1 \\ 0 & 0 & 0 & 0 \\ 0 & 0 & 0 & 0 \\ 0 & 0 & 0 & 0 \end{pmatrix}, \qquad A_1 \Longrightarrow \begin{pmatrix} 1 & 0 & 0 & -1 & 1 & 0 \\ 0 & 1 & 0 & 1 & 0 & -1 \\ 0 & 0 & 1 & 0 & -1 & 1 \\ 0 & 0 & 0 & 0 & 0 & 0 \end{pmatrix}$$

となり、今の場合は Smith 標準形にしなくても

$$\mathrm{Ker}(d_0) = \mathbb{Z}\begin{pmatrix}1\\1\\1\\1\end{pmatrix}, \qquad \mathrm{Ker}(d_1) = \mathbb{Z}\begin{pmatrix}1\\-1\\0\\1\\0\\0\end{pmatrix} \oplus \mathbb{Z}\begin{pmatrix}-1\\0\\1\\0\\1\\0\end{pmatrix} \oplus \mathbb{Z}\begin{pmatrix}0\\1\\-1\\0\\0\\1\end{pmatrix}$$

と基底が求まる。とくに $H^0(C^\bullet) \simeq \mathbb{Z}$ である。$A_0 = (a_1, a_2, a_3, a_4)$ と書くと、今の場合は問題がよくできすぎていて

$$\mathrm{Ker}(d_1) = \mathbb{Z}a_1 \oplus \mathbb{Z}a_2 \oplus \mathbb{Z}a_3, \qquad a_4 = -a_1 - a_2 - a_3$$

となっているので $\mathrm{Ker}(d_1) = \mathrm{Im}(d_0)$ であり、$H^1(C^\bullet) = 0$ を得る。次に A_1 の Smith 標準形を求める。$A_1 = (b_1, b_2, b_3, b_4, b_5, b_6)$ と書くと

$$b_4 = -b_1 + b_2, \qquad b_5 = b_1 - b_3, \qquad b_6 = -b_2 + b_3$$

となるから、4 列めから 6 列めを 0 としてから Smith 標準形を求めると

$$\begin{pmatrix}1&0&0&0&0&0\\0&1&0&0&0&0\\0&0&1&0&0&0\\0&0&0&0&0&0\end{pmatrix}$$

なので、$H^2(C^\bullet) = \mathbb{Z}^4/\,\mathrm{Im}(A_1) \simeq \mathbb{Z}$ である。

6 $BA = O$ だから、$\mathrm{Im}(f) = \mathrm{Im}(A) \subseteq \mathrm{Ker}(B) = \mathrm{Ker}(g)$ である。

$$f_1 = \begin{pmatrix}1\\1\\0\\0\end{pmatrix}, \qquad f_2 = \begin{pmatrix}-1\\0\\1\\0\end{pmatrix}, \qquad f_3 = \begin{pmatrix}1\\0\\0\\1\end{pmatrix}$$

と置くと、$\{f_1, f_2, f_3\}$ は $\mathrm{Ker}(B) \subseteq \mathbb{Z}^4$ の基底であり、

$$A' = \begin{pmatrix}1&1&1\\1&1&-1\\1&-1&-1\end{pmatrix}$$

と置くと $A = (f_1, f_2, f_3)A'$ を得る。ゆえに、$\mathrm{Ker}(B)/\,\mathrm{Im}(A) \simeq \mathbb{Z}^3/\,\mathrm{Im}(A')$ だから A' の Smith 標準形を求めれば $\mathrm{Ker}(g)/\,\mathrm{Im}(f) \simeq \mathbb{Z}/(2) \times \mathbb{Z}/(2)$ が答えである。

7 (i) 任意の $m \in I$ に対し $m = qd + r$ $(q \in \mathbb{Z},\ 0 \leq r \leq d-1)$ と書く。$r \neq 0$ ならば $r \in \mathbb{N}$ かつ $r = m - qd \in I$ より d の最小性に反するので $I \subseteq (d)$ を得る。$d \in I$ より逆の包含関係は明らか。

(ii) $(a) + (b)$ は加法と $\mathbb{Z}$ 倍で閉じているから $\mathbb{Z}$ のイデアルである。(i) のように $d \in \mathbb{N}$ を取れば $(a), (b) \subseteq (d)$ より a, b は d の倍数であり、d は a, b の公約数である。他方、$\gcd(a, b)$ も a, b の公約数だから、$(a), (b) \subseteq (\gcd(a, b))$ から $(d) = (a) + (b) \subseteq (\gcd(a, b))$ となり、d は $\gcd(a, b)$ の倍数である。最大公約数は最大の公約数だから $d = \gcd(a, b)$ を得る。

【第 5 章】

1 拡張ユークリッド互除法を実行する。

$$
\begin{pmatrix} 1 & 0 \\ 0 & 1 \end{pmatrix} \begin{pmatrix} f \\ g \end{pmatrix} = \begin{pmatrix} x^3 - 3x + 2 \\ x^2 + 2x - 3 \end{pmatrix} \Longrightarrow \begin{pmatrix} 0 & 1 \\ 1 & -x + 2 \end{pmatrix} \begin{pmatrix} f \\ g \end{pmatrix} = \begin{pmatrix} x^2 + 2x - 3 \\ 4x - 4 \end{pmatrix}
$$

$$
\Longrightarrow \begin{pmatrix} 1 & -x + 2 \\ -\dfrac{x + 3}{4} & \dfrac{x^2 + x - 2}{4} \end{pmatrix} \begin{pmatrix} f \\ g \end{pmatrix} = \begin{pmatrix} 4x - 4 \\ 0 \end{pmatrix}
$$

ゆえに、$\gcd(f, g)$ と $af + bg = \gcd(f, g)$ をみたす $a(x), b(x) \in \mathbb{C}[x]$ は下記の通り。

$$
\gcd(f, g) = x - 1, \qquad a(x) = \frac{1}{4}, \qquad b(x) = \frac{-x + 2}{4}
$$

2 (i) $\mathbb{F}_3[x]$ で $(x-1)(x+1) + 2(x^2+1) = 1$ が成り立つので

$$
(x + 1 \bmod (x^2 + 1))^{-1} = x - 1 \bmod (x^2 + 1)
$$

が求める逆元である。

(ii) 任意の多項式を $x^2 + 1$ で割った余りは 1 次以下の多項式なので $\mathbb{F}_3[x]/(x^2 + 1) = \mathbb{F}_3 + \mathbb{F}_3 i$ が成り立つ。$a + bi = 0$ $(a, b \in \mathbb{F}_3)$ ならば

$$
a + bx \bmod (x^2 + 1) = 0
$$

だから $a = 0,\ b = 0$ となり、$\{1, i\}$ は $\mathbb{F}_3$ 上一次独立である。乗法が

$$
(a + bi)(c + di) = (ac - bd) + (ad + bc)i \qquad (a, b, c, d \in \mathbb{F}_3)
$$

と計算できることは $i^2 + 1 = 0$ より明らか。

3 $A(x)$ の Smith 標準形を求める。

$$\begin{pmatrix} x-3 & -2 & 2 \\ 0 & x-7 & 4 \\ 0 & -2 & x-1 \end{pmatrix} \Longrightarrow \begin{pmatrix} 2 & x-3 & -2 \\ 4 & 0 & x-7 \\ x-1 & 0 & -2 \end{pmatrix}$$

$$\Longrightarrow \begin{pmatrix} 2 & x-3 & -2 \\ 0 & -2x+6 & x-3 \\ 0 & -x^2+4x-3 & 2x-6 \end{pmatrix} \Longrightarrow \begin{pmatrix} 1 & 0 & 0 \\ 0 & -2x+6 & x-3 \\ 0 & -x^2+4x-3 & 2x-6 \end{pmatrix}$$

$$\Longrightarrow \begin{pmatrix} 1 & 0 & 0 \\ 0 & x-3 & 0 \\ 0 & 2x-6 & -x^2+8x-15 \end{pmatrix} \Longrightarrow \begin{pmatrix} 1 & 0 & 0 \\ 0 & x-3 & 0 \\ 0 & 0 & (x-3)(x-5) \end{pmatrix}$$

ゆえに $\mathbb{C}[x]$–加群同型

$$\mathbb{C}[x]^3 / \operatorname{Im}(f) \simeq \mathbb{C}[x]/(x-3) \times \mathbb{C}[x]/(x-3) \times \mathbb{C}[x]/(x-5)$$

が得られる。

4 加群準同型

$$\operatorname{Hom}_R(M_1 \oplus M_2, N) \longrightarrow \operatorname{Hom}_R(M_1, N) \times \operatorname{Hom}_R(M_2, N) : \ f \mapsto (f_1, f_2)$$

を $f_1(m_1) = f(m_1, 0)$, $f_2(m_2) = f(0, m_2)$ と定め、加群準同型

$$\operatorname{Hom}_R(M_1, N) \times \operatorname{Hom}_R(M_2, N) \longrightarrow \operatorname{Hom}_R(M_1 \oplus M_2, N) : \ (f_1, f_2) \mapsto f$$

を $f(m_1, m_2) = f_1(m_1) + f_2(m_2)$ で定めれば互いに逆写像である。

5 前問と同様である。加群準同型

$$\operatorname{Hom}_R(M, N_1 \oplus N_2) \longrightarrow \operatorname{Hom}_R(M, N_1) \oplus \operatorname{Hom}_R(M, N_2) : \ f \mapsto (f_1, f_2)$$

を $f_1(m)$ を $f(m)$ の第 1 成分、$f_2(m)$ を $f(m)$ の第 2 成分、と定め、加群準同型

$$\operatorname{Hom}_R(M, N_1) \oplus \operatorname{Hom}_R(M, N_2) \longrightarrow \operatorname{Hom}_R(M, N_1 \oplus N_2) : \ (f_1, f_2) \mapsto f$$

を $f(m) = (f_1(m), f_2(m))$ と定めれば互いに逆写像である。

6 (i) 漸化式 $f_{n+l} + a_1 f_{n+l-1} + \cdots + a_l f_n = 0$ をみたす数列を $f \in \mathbb{C}[\mathbb{N}]$ と書けば $g(x)f = 0$ より $f(x)f = h(x)g(x)f = 0$ である。すなわち、漸化式

$$f_{n+(l+m)} + c_1 f_{n+(l+m-1)} + \cdots + c_{l+m} f_n = 0$$

をみたす。ゆえに $U \subseteq W$ である。

(ii) 漸化式 $f_{n+m} + b_1 f_{n+m-1} + \cdots + b_m f_n = 0$ をみたす数列 $f \in \mathbb{C}[\mathbb{N}]$ は $h(x)f = 0$ より $f(x)f = g(x)h(x)f = 0$、すなわち漸化式

$$f_{n+(l+m)} + c_1 f_{n+(l+m-1)} + \cdots + c_{l+m} f_n = 0$$

をみたす。ゆえに $V \subseteq W$ である。

(iii) $\varphi \in \mathrm{Hom}_{\mathbb{C}[x]}(\mathbb{C}[x]/(g), \mathbb{C}[\mathbb{N}])$ とすると、

$$\varphi(1 \bmod g(x)) \in U \subseteq W$$

であり、$\mathrm{Hom}_{\mathbb{C}[x]}(\mathbb{C}[x]/(f), \mathbb{C}[\mathbb{N}])$ の要素

$$a(x) \bmod f(x) \mapsto \varphi(a(x) \bmod g(x))$$

から $\varphi(1 \bmod g(x)) \in W$ が得られるから最初の図式は可換である。次の図式も同様の議論により可換である。

(iv) $\mathbb{C}[x]$–加群同型

$$U \simeq \mathrm{Hom}_{\mathbb{C}[x]}(\mathbb{C}[x]/(g), \mathbb{C}[\mathbb{N}]),$$
$$V \simeq \mathrm{Hom}_{\mathbb{C}[x]}(\mathbb{C}[x]/(h), \mathbb{C}[\mathbb{N}]),$$
$$W \simeq \mathrm{Hom}_{\mathbb{C}[x]}(\mathbb{C}[x]/(f), \mathbb{C}[\mathbb{N}])$$

があり、$g(x), h(x) \in \mathbb{C}[x]$ が互いに素な多項式ゆえ $\mathbb{C}[x]$–加群同型

$$\mathbb{C}[x]/(f) \simeq \mathbb{C}[x]/(g) \times \mathbb{C}[x]/(h)$$

も成り立つので、$\mathbb{C}[x]$–加群同型

$$\mathrm{Hom}_{\mathbb{C}[x]}(\mathbb{C}[x]/(f), \mathbb{C}[\mathbb{N}]) \simeq \mathrm{Hom}_{\mathbb{C}[x]}(\mathbb{C}[x]/(g), \mathbb{C}[\mathbb{N}]) \times \mathrm{Hom}_{\mathbb{C}[x]}(\mathbb{C}[x]/(h), \mathbb{C}[\mathbb{N}])$$

より $\dim U + \dim V = \dim W$ が得られる。$a(x), b(x) \in \mathbb{C}[x]$ を

$$a(x)g(x) + b(x)h(x) = 1$$

となるように取る。$f \in U \cap V$ とすると、$g(x)f = 0,\ h(x)f = 0$ だから

$$f = a(x)g(x)f + b(x)h(x)f = 0$$

であり、$U \cap V = 0$ となるから、

$$\dim(U + V) = \dim U + \dim V = \dim W$$

である。ゆえに $U + V = W$ も成り立ち、$W = U \oplus V$ を得る。

(v) $g(x) = x^2 - 4x + 4$ より漸化式

$$f_{n+2} - 4f_{n+1} + 4f_n = 0$$

を解いて U を求める。$g_n = f_{n+1} - 2f_n$ と置くと $g_{n+1} = 2g_n$ ゆえ、C を定数として

$f_{n+1}2^{-n-1} - f_n 2^{-n} = C$ を得る。つまり $f_n 2^{-n}$ は等差数列だから C_1, C_2 を定数として

$$f_n = C_1 2^n + C_2 n 2^n$$

が一般項である。ゆえに $U = \mathbb{C}(2^n)_{n\in\mathbb{N}} + \mathbb{C}(n2^n)_{n\in\mathbb{N}}$ となる。

他方、$h(x) = x - 3$ より漸化式 $f_{n+1} = 3f_n$ を解いて $V = \mathbb{C}(3^n)_{n\in\mathbb{N}}$ である。$W = U \oplus V$ より W も得られる。

7 (i) Cayley–Hamilton の定理より $\{u \in V \mid \varphi_A(A)u = 0\} = V$ だから

$$\mathrm{Hom}_{\mathbb{C}[x]}(\mathbb{C}[x]/(\varphi_A(x)), V) \simeq \{u \in V \mid \varphi_A(A)u = 0\} = V$$

である。

(ii) 中国剰余定理より

$$\mathbb{C}[x]/(\varphi_A(x)) \simeq \mathbb{C}[x]/((x-\lambda_1)^{m_1}) \oplus \cdots \oplus \mathbb{C}[x]/((x-\lambda_s)^{m_s})$$

であるから前問 **6** の $\mathbb{C}[\mathbb{N}]$ を V に置き換えて議論すれば直和分解

$$V = \bigoplus_{i=1}^{s} \{u \in V \mid (x-\lambda_i)^{m_i} u = 0\}$$

を得る。ここで、$\{u \in V \mid (x-\lambda_i)^{m_i} u = 0\} = V(\lambda_i)$ に注意すれば $V = V(\lambda_1) \oplus \cdots \oplus V(\lambda_s)$ である。

(iii) 前問 **6** の $\mathbb{C}[\mathbb{N}]$ を W に置き換えて議論すれば直和分解

$$W = \bigoplus_{i=1}^{s} \{u \in W \mid (x-\lambda_i)^{m_i} u = 0\}$$

を得る。あとは $\{u \in W \mid (x-\lambda_i)^{m_i} u = 0\} = W \cap V(\lambda_i)$ に注意すればよい。この結果は V の部分加群をすべて求めることが広義固有空間の部分加群をすべて求めることに帰着することを示している。

8 $A(x)$ の Smith 標準形 PAQ を求めると

$$P = \begin{pmatrix} 0 & -\dfrac{1}{2} \\ 2 & x-7 \end{pmatrix}, \qquad Q = \begin{pmatrix} 1 & \dfrac{x-1}{2} \\ 0 & 1 \end{pmatrix}$$

とすればよく、単因子は $1, x^2 - 8x + 15$ である。

(i) $u'(t) = Q(D)^{-1}u(t)$, $v'(t) = P(D)v(t)$ に対し

$$u_1'(t) = v_1'(t) = -\frac{1}{2}v_2(t), \ \ v_2'(t) = 2v_1(t) - 7v_2(t) + \frac{dv_2(t)}{dt}$$

であり、$u_2'(t)$ を求めるには

$$\frac{d^2u_2'(t)}{dt^2} - 8\frac{du_2'(t)}{dt} + 15u_2'(t) = v_2'(t)$$

を解けばよい。$e^{-5t}v_2'(t)$ と $e^{-3t}v_2'(t)$ の原始関数 $F(t)$ と $G(t)$ に対し

$$u_2'(t) = \frac{1}{2}\left(e^{5t}F(t) - e^{3t}G(t)\right) + C_1e^{5t} + C_2e^{3t} \qquad (C_1, C_2 \in \mathbb{C})$$

が一般解だから、

$$u_1(t) = u_1'(t) - \frac{1}{2}u_2'(t) + \frac{1}{2}\frac{du_2'(t)}{dt}, \qquad u_2(t) = u_2'(t)$$

に代入すれば解の公式が得られる。

(ii) $\log t = s$ と置けば、$u'(s) = (Q(D)^{-1}u)(e^s)$, $v'(s) = (P(D)v)(e^s)$ に対し $u_1'(s) = -v_2(e^s)/2$ であり、

$$\frac{d^2u_2'(s)}{ds^2} - 8\frac{du_2'(s)}{ds} + 15u_2'(s) = v_2'(s)$$

を解くことになる。一般解は (i) と同じであり、変数を t に戻せばよい。

【第 6 章】

1 $\mathbb{Z}/(2) \times \mathbb{Z}/(6) \simeq \mathbb{Z}/(2) \times \mathbb{Z}/(2) \times \mathbb{Z}/(3)$ であるから、右辺で考えたときの部分群は $\mathbb{Z}/(2) \times \mathbb{Z}/(2)$ の部分群と $\mathbb{Z}/(3)$ の部分群の直積である。

(a) $\mathbb{Z}/(3)$ の部分群が $\{0\}$ である $\mathbb{Z}/(2) \times \mathbb{Z}/(6)$ の部分群は下記の通り。

$$\{(0,0)\},\ \{(0,0),(1,0)\},\ \{(0,0),(0,3)\},\ \{(0,0),(1,3)\},$$
$$\{(0,0),(1,0),(0,3),(1,3)\}$$

(b) $\mathbb{Z}/(3)$ の部分群が $\mathbb{Z}/(3)$ である $\mathbb{Z}/(2) \times \mathbb{Z}/(6)$ の部分群は

$$\{(0,0),(0,2),(0,4)\},\ \{(0,0),(0,2),(0,4),(1,0),(1,2),(1,4)\},$$
$$\{(0,0),(0,1),(0,2),(0,3),(0,4),(0,5)\},\ \{(0,0),(1,1),(0,2),(1,3),(0,4),(1,5)\}$$

と $\mathbb{Z}/(2) \times \mathbb{Z}/(6)$ である。

2 (i), (iii) H が部分群ならば $\mathbb{Z}$–加群であるが、$\mathbb{Z}$ 倍は $\mathbb{F}_p$ 倍を与えるので H は部分空間である。逆に $\mathbb{F}_p$ 倍を忘れれば部分空間は部分群である。さらに、部分空間 H が r 次元になることと $|H| = p^r$ は同値である。

(ii) $\mathbb{F}_p$ の非零要素は $p-1$ 個であり、$\mathbb{F}_p^n$ の非零ベクトルは $p^n - 1$ 個だから加法群 $G =$

$\mathbb{F}_p^n$ の部分群 H で $|H| = p$ をみたすものの個数は

$$\frac{p^n - 1}{p - 1}$$

である。

(iv) $\{v_1, v_2\}$ と $\{w_1, w_2\}$ が同じ線形空間の基底ならば基底の変換行列は可逆行列であるから

$$(v_1, v_2) = (w_1, w_2)\begin{pmatrix} a & b \\ c & d \end{pmatrix} \qquad (a, b, c, d \in \mathbb{F}_p,\ ad - bc \neq 0)$$

をみたす a, b, c, d が存在する。逆に、この条件が成り立てば $\{v_1, v_2\}$ と $\{w_1, w_2\}$ は同じ線形空間の基底である。

(v) $(v_1, v_2) \in \mathrm{GL}(2, p)$ は非零ベクトル $v_1 \in \mathbb{F}_p^2$ を取り、$v_2 \in \mathbb{F}_p^2 \setminus \mathbb{F}_p v_1$ を取れば決まるから $|\,\mathrm{GL}(2, p)| = (p^2 - 1)(p^2 - p)$ である。

(vi) 一次独立になる $(v_1, v_2) \in \mathbb{F}_p^n$ の選び方は全部で $(p^n - 1)(p^n - p)$ 通りある。他方、$(v_1, v_2) \in \mathbb{F}_p^n$ と $(w_1, w_2) \in \mathbb{F}_p^n$ が同じ線形空間を与えるのは $g \in \mathrm{GL}(2, p)$ が存在して $(v_1, v_2) = (w_1, w_2)g$ となるときだから、求める線形空間の個数は

$$\frac{(p^n - 1)(p^n - p)}{(p^2 - 1)(p^2 - p)}$$

である。

(vii) $1 \leq r \leq n$ に対し、$|H| = p^r$ をみたす加法群 $G = \mathbb{F}_p^n$ の部分群の個数は

$$\frac{(p^n - 1)(p^n - p)\cdots(p^n - p^{r-1})}{(p^r - 1)(p^r - p)\cdots(p^r - p^{r-1})}$$

である。

3 (i) 全射群準同型 $p : H \to H/H'$ を考えると

$$|p^{-1}(g + H')| = |g + H'| = |H'|$$

だから $|H| = |H'||H/H'|$ である。とくに $|H'| \geq 2$ なら $|H/H'| = 1$ となり $H' = H$ を得る。

(ii) $H' = \{0, g, \cdots, (s-1)g\}$ になるから $s = |H'| = p$ である。

(iii) $p^2 = |H| = |H'||H/H'|$ かつ $|H'| = s \neq 1, p$ だから $|H/H'| = 1$ となる。ゆえに題意の群同型

$$H = H' = \{0, g, 2g, \cdots, (p^2 - 1)g\} \simeq \mathbb{Z}/(p^2)$$

が得られる。

(iv) H は体 $\mathbb{F}_p$ 上の線形空間 $\mathbb{F}_p^m$ の部分空間と思えるので $\mathbb{Z}/(p)$ の直積群である。

(v) $|H| = p$ をみたす G の部分群の個数は下記の通り。

$$\frac{p^m - 1}{p - 1}$$

(vi) $pg \neq 0$ だから、ある $1 \leq i \leq r$ に対し g の第 i 成分は $(p)/(p^2) \subseteq \mathbb{Z}/(p^2)$ に含まれない。とくに g の生成する G の部分群の第 i 成分への射影は $\mathbb{Z}/(p^2)$ に一致する。ゆえに全射群準同型

$$H \longrightarrow \mathbb{Z}/(p^2)$$

が得られ、$|H| = p^2 = |\mathbb{Z}/(p^2)|$ より群同型 $H \simeq \mathbb{Z}/(p^2)$ を与える。

(vii) $H \simeq \mathbb{Z}/(p^2)$ となる G の部分群の個数は

$$pg_1 = 0 \mod p^{\lambda_1}, \quad \cdots, \quad pg_{i-1} = 0 \mod p^{\lambda_{i-1}}, \quad g_i = 1 \mod p^{\lambda_i}$$

となる $g \in G$ の個数に等しいから、求める個数は下記の通り。

$$\begin{aligned}\sum_{i=1}^{r} p^{(i-1)+2(r-i)+(m-r)} &= \sum_{i=1}^{r} p^{m+r-1-i} = p^{m+r-2}\frac{1-p^{-r}}{1-p^{-1}} \\ &= p^{m-1}\frac{p^r - 1}{p - 1}\end{aligned}$$

(viii) $H \simeq \mathbb{Z}/(p) \times \mathbb{Z}/(p)$ となる G の部分群の個数は下記の通り。

$$\frac{(p^m - 1)(p^m - p)}{(p^2 - 1)(p^2 - p)}$$

(ix) $|H| = p^2$ となる G の部分群の個数は (vii), (viii) で得られた個数の和である。

4 $xE - A$ の Smith 標準形を求める。

$$\begin{pmatrix} x & -8 & 9 \\ -1 & x-11 & 13 \\ -1 & -8 & x+10 \end{pmatrix} \Longrightarrow \begin{pmatrix} 1 & 8 & -x-10 \\ x & -8 & 9 \\ -1 & x-11 & 13 \end{pmatrix}$$

$$\Longrightarrow \begin{pmatrix} 1 & 8 & -x-10 \\ 0 & -8x-8 & x^2+10x+9 \\ 0 & x-3 & -x+3 \end{pmatrix} \Longrightarrow \begin{pmatrix} 1 & 0 & 0 \\ 0 & -8x-8 & x^2+10x+9 \\ 0 & x-3 & -x+3 \end{pmatrix}$$

$$\Longrightarrow \begin{pmatrix} 1 & 0 & 0 \\ 0 & x-3 & -x+3 \\ 0 & -32 & x^2+2x+33 \end{pmatrix} \Longrightarrow \begin{pmatrix} 1 & 0 & 0 \\ 0 & -32 & x^2+2x+33 \\ 0 & 0 & \dfrac{x^3-x^2-5x-3}{32} \end{pmatrix}$$

$$\Longrightarrow \begin{pmatrix} 1 & 0 & 0 \\ 0 & 1 & 0 \\ 0 & 0 & (x-3)(x+1)^2 \end{pmatrix}$$

ゆえに A の Jordan 標準形は下記の通り。

$$\begin{pmatrix} 3 & 0 & 0 \\ 0 & -1 & 1 \\ 0 & 0 & -1 \end{pmatrix}$$

5 単因子を用いて Jordan 標準形を求める方法を振り返ると、多項式が 1 次式の積に分解するところでのみ $\mathbb{K} = \mathbb{C}$ を用いている。すなわち、$\mathbb{K}[x]^n / \operatorname{Im}(xE - A)$ の計算までは任意の体 $\mathbb{K}$ で成立する。

$\mathbb{R}[x]$ では $x^3 - 1 = (x-1)(x^2+x+1)$ が既約分解だから $A \in \operatorname{Mat}(4,4,\mathbb{R})$ が定める $\mathbb{R}[x]$–加群 $\mathbb{R}^4$ は

$$\mathbb{R}[x]/(x-1) \times \mathbb{R}[x]/(x-1) \times \mathbb{R}[x]/(x^2+x+1)$$

に同型である。この $\mathbb{R}[x]$–加群における x 倍写像の表現行列を

$$\begin{pmatrix} 1 & 0 & 0 & 0 \\ 0 & 1 & 0 & 0 \\ 0 & 0 & 0 & -1 \\ 0 & 0 & 1 & -1 \end{pmatrix}$$

に取れるから、可逆行列 $T \in \operatorname{Mat}(4,4,\mathbb{R})$ が存在して

$$T^{-1}AT = \begin{pmatrix} 1 & 0 & 0 & 0 \\ 0 & 1 & 0 & 0 \\ 0 & 0 & 0 & -1 \\ 0 & 0 & 1 & -1 \end{pmatrix}$$

となる。また、可逆行列 $P \in \operatorname{Mat}(2,\mathbb{R})$ を

$$P^{-1} \begin{pmatrix} 0 & -1 \\ 1 & -1 \end{pmatrix} P = \begin{pmatrix} -1/2 & -\sqrt{3}/2 \\ \sqrt{3}/2 & -1/2 \end{pmatrix}$$

となるように選ぶことができる。

6 (i) a, b, c は相異なる A の実固有値だから、固有ベクトルは一次独立で、実数成分に取れる。固有ベクトルを

$$Av_1 = av_1, \qquad Av_2 = bv_2, \qquad Av_3 = cv_3$$

とするとき、$T = (v_1, v_2, v_3)$ と取ればよい。

(ii) a, b は相異なる A の実固有値だから、広義固有空間の基底を一次独立で実数成分に取れる。対角化可能のときは (i) と同じで、対角化可能でないときは

$$(A - aE)v_1 = 0, \qquad (A - aE)v_2 = v_1, \qquad (A - bE)v_3 = 0$$

を広義固有ベクトルとして $T = (v_1, v_2, v_3)$ と取ればよい。

(iii) a は A の実固有値だから、広義固有空間の基底を一次独立で実数成分に取ればあとの議論は (i), (ii) と同様である。

(iv) A が定める $\mathbb{R}[x]$–加群を $\mathbb{R}^3$ とする。$V_1, V_2 \subseteq \mathbb{R}^3$ を

$$V_1 = \{u \in \mathbb{R}^3 \mid Au = au\},$$
$$V_2 = \{u \in \mathbb{R}^3 \mid A^2u - 2bAu + (b^2 + c^2)u = 0\}$$

と定めると $V_1 \oplus V_2 \subseteq \mathbb{R}^3$ は $\mathbb{R}[x]$–部分加群である。$u \in \mathbb{R}^3$ に対し

$$u' = A^2u - 2bAu + (b^2 + c^2)u \in V_1$$

だから、$u - (a^2 - 2ba + b^2 + c^2)^{-1}u' \in V_2$ が得られ、$\mathbb{R}^3 = V_1 \oplus V_2$ である。さらに、

$$\mathbb{R}^3 \simeq \mathbb{R}[x]/(x - a) \times \mathbb{R}[x]/(x^2 - 2bx + b^2 + c^2)$$

の右辺において $x^2 - 2bx + b^2 + c^2$ 倍で消える要素を計算すると

$$V_2 \simeq \mathbb{R}[x]/(x^2 - 2bx + b^2 + c^2)$$

を得る。同様に $V_1 \simeq \mathbb{R}[x]/(x - a)$ である。題意を示すには V_2 の基底を

$$A(v_1, v_2) = (v_1, v_2) \begin{pmatrix} b & -c \\ c & b \end{pmatrix}$$

と取れることを示せばよいが、$\mathbb{R}[x]/(x^2 - 2bx + b^2 + c^2)$ の基底を

$$x(c, x - b) = (c, x - b) \begin{pmatrix} b & -c \\ c & b \end{pmatrix}$$

にすれば対応する V_2 の基底が求めるものである。

7 仮定より $\mathrm{Hom}_{\mathbb{K}[x]}(\mathbb{K}^n, \mathbb{K}^m) = 0$ である。X, Y が解ならば $A(X - Y) = (X - Y)B$ だから $X = Y$ を得る。

8 (i) 対称行列全体のなす $\mathrm{Mat}(n, n, \mathbb{K})$ の部分空間を S とすれば線形写像 $F|_S : S \to S$

が得られる。仮定より $F|_S$ は単射だから全射になる。

(ii) $\mathbb{K}=\mathbb{C}$ のとき題意が成り立てば零行列でない対称行列 $X\in \mathrm{Ker}(F)$ の実部と虚部を考えれば $\mathbb{K}=\mathbb{R}$ のときも題意が成り立つので $\mathbb{K}=\mathbb{C}$ のときのみ示せばよい。可逆行列 P に対し ${}^tAX+XA=O$ は

$$({}^tP{}^tA{}^tP^{-1})({}^tPXP)+({}^tPXP)(P^{-1}AP)=O$$

と同値だから、最初から A が Jordan 標準形と仮定して証明してよい。$\mathrm{Ker}(F)\neq 0$ より $\lambda\in\mathbb{C}$ が存在して固有値 $\lambda\in\mathbb{C}$ の Jordan 細胞 $J_m(\lambda)$ と固有値 $-\lambda\in\mathbb{C}$ の Jordan 細胞 $J_n(-\lambda)$ が現れる。$\lambda\neq 0$ なら

$$X=\begin{pmatrix}R & O\\ O & O\end{pmatrix},\qquad R=\begin{pmatrix}O & Y\\ {}^tY & O\end{pmatrix},\qquad {}^tJ_m(\lambda)Y+YJ_n(-\lambda)=O$$

を考えれば $Y\neq O$ に取れるから X は非零対称行列で、$\lambda=0$ なら

$$X=\begin{pmatrix}Y & O\\ O & O\end{pmatrix},\qquad {}^tJ_n(0)Y+YJ_n(0)=O$$

を考えれば対称行列 $Y\neq O$ が取れるから、いずれにせよ題意を得る。

(iii) 解の一意性の条件より $\mathrm{Ker}(F)=0$ が必要である。X が解ならば ${}^tX$ も解だから解の一意性より X は対称行列である。このとき

$$\gcd(\det(xE-A),\det(xE+{}^tA))=1$$

が成り立つ。逆に、この条件が成り立てば任意の対称行列 Q に対し解がただひとつ存在する。

【第 7 章】

1 (i) 上半三角行列の積と逆行列は上半三角行列であるから B は $\mathrm{GL}(n,\mathbb{C})$ の部分群である。

(ii) $b\in B,\ u\in U$ に対し bub^{-1} の対角成分は u の対角成分と一致するから $bub^{-1}\in U$ である。

(iii) T を可逆な対角行列全体のなす可換群とすると、全射群準同型

$$T\longrightarrow B/U:\ t\mapsto tU$$

が得られ、商群 B/U は可換群である。(実際は $T\simeq B/U$ である。)

2 $g\notin H$ ならば $gH, Hg\subseteq G\setminus H$ であるから

$$|gH|=|Hg|=|H|=|G\setminus H|$$

より $gH=Hg$ であり、とくに H は G の正規部分群である。また、$|G/H|=2$ より

$G/H \simeq \mathbb{Z}/(2)$ である。

3 (i) 鳩ノ巣原理により $\{e, g, g^2, g^3, g^4, g^5, g^6\}$ の中には同じ要素が複数回現れるから、$0 \leq i < j \leq 6$ に対して $g^i = g^j$ であり、$1 \leq k = j - i \leq 6$ に対し $g^k = e$ となる。ここで $1 \leq k \leq 5$ ならば仮定に反するから $k = 6$ である。ゆえに、$i \bmod 6 \mapsto g^i$ により群同型 $\mathbb{Z}/(6) \to G$ が得られる。

(ii) $hg^i = g^j$ ならば $h \in \{e, g, g^2, g^3\}$ となり仮定に反すから

$$\{e, g, g^2, g^3\} \cap \{h, hg, hg^2, hg^3\} = \varnothing$$

である。とくに $|G| \geq 8$ となり $|G| = 6$ となり得ない。

(iii) 仮定より $0 \leq i < j \leq 5$ に対し $g^i = g^j$ だから、$1 \leq k = j - i \leq 5$ に対し $g^k = e$ である。$g \neq e$ とし

$$r = \min\{k \in \mathbb{N} \mid g^k = e\}$$

と置くと $2 \leq r \leq 5$ であるが、$r = 5$ なら $g^6 = e$ より $g = e$ であり、$r = 4$ ならば (ii) に矛盾するから $r = 2, 3$ のどちらかになる。ゆえに $r = 3$ となる $g \in G$ が存在するか、すべての $g \in G$ に対して $r = 2$ となるかのどちらかである。

(iv) $g, h \in G$ に対し $g^2 = e, h^2 = e$ だから $ghgh = e$ より $gh = hg$ を得る。ゆえに有限加法群の構造定理より $G \simeq \mathbb{Z}/(2) \times \mathbb{Z}/(3)$ となるが、$g^3 = e$ かつ $\{e, g, g^2\}$ が相異なる $g \in G$ が存在して仮定に反する。

(v) 部分群 $H = \{e, g, g^2\}$ は $|G| = 2|H|$ より G の正規部分群である。$h \in G \setminus H$ を取って以下固定する。このとき次が成り立つ。

(a) $e \neq hgh^{-1} \in H$ だから $hgh^{-1} = g^{\pm 1}$ である。

(b) $G/H \simeq \mathbb{Z}/(2)$ より $h^2 \in H$ である。

$hgh^{-1} = g$ ならば G は可換群だから

$$G \simeq \mathbb{Z}/(2) \times \mathbb{Z}/(3) \simeq \mathbb{Z}/(6)$$

である。$h^2 = g^{\pm 1}$ のとき $G \simeq \mathbb{Z}/(6)$ だから、$hgh^{-1} = g^{-1}$ ならば $h^2 = e$ である。ゆえに全射群準同型 $S_3 \to G$ が $(123) \mapsto g$, $(12) \mapsto h$ により定義できる。$|S_3| = 6 = |G|$ より $G \simeq S_3$ を得る。

4 (i) A_n は群準同型 $\mathrm{sgn} : S_n \to \mathbb{C}^\times$ の核なので正規部分群である。

(ii) $\sigma \in S_n$ とする。互換 (i, j) に対し

$$\sigma(i, j)\sigma^{-1} = (\sigma(i), \sigma(j))$$

が成り立つから、$\tau \in V_4$ に対し $\sigma\tau\sigma^{-1} \in V_4$ になる。ゆえに V_4 は S_4 の正規部分群である。また、$a = (12)(34)$, $b = (13)(24)$ と置くと $ab = ba$, $ab = (14)(23)$ だから、

$$(0,0) \mapsto e, \qquad (1,0) \mapsto a, \qquad (0,1) \mapsto b, \qquad (1,1) \mapsto ab$$

により群同型 $\mathbb{Z}/(2) \times \mathbb{Z}/(2) \simeq V_4$ が得られる。

(iii) $|A_4/V_4| = |A_4|/|V_4| = 12/4 = 3$ であり、$|G| = 3$ の群は $\mathbb{Z}/(3)$ に限るから $A_4/V_4 \simeq \mathbb{Z}/(3)$ である。

5 (i) $\sigma, \tau \in S_4$ と $g = a, b, c$ に対し、

$$(\sigma\tau)g(\sigma\tau)^{-1} = \sigma\left(\tau g \tau^{-1}\right)\sigma^{-1}$$

だから $\psi(\sigma\tau) = \psi(\sigma)\psi(\tau)$ となり、ψ は群準同型である。

(ii) $(12), (34) \mapsto (bc)$, $(23) \mapsto (ab)$ であり、abc のすべての置換は $(bc), (ab)$ の積で得られるから ψ は全射である。

(iii) V_4 は可換群だから、$\sigma \in V_4$ に対し

$$\sigma a \sigma^{-1} = a, \qquad \sigma b \sigma^{-1} = b, \qquad \sigma c \sigma^{-1} = c$$

である。ゆえに $V_4 \subseteq \mathrm{Ker}(\psi)$ である。

(iv) 全射群準同型の合成 $S_4/V_4 \to S_3$ も全射群準同型であり、

$$|S_4/V_4| = |S_4|/|V_4| = 24/4 = 6 = |S_3|$$

より全射写像は全単射になるから、群同型 $S_4/V \simeq S_3$ を与える。

6 (i) $f(x)$ は $\gcd(f, f') \in \mathbb{Q}[x]$ で割り切れ、$\deg(\gcd(f, f')) < \deg(f)$ だから、$f(x)$ は $\mathbb{Q}[x]$ の既約多項式にならない。

(ii) $f(x)$ が $\mathbb{Q}[x]$ の既約多項式なので (i) より $\gcd(f, f') = 1$ であり、$f(x) = 0$ は重解をもたない。ゆえに $\alpha_1, \alpha_2, \alpha_3, \alpha_4$ は相異なる。

(iii) $\beta_1 + \beta_2 + \beta_3$ を計算すると

$$\alpha_1\alpha_2 + \alpha_1\alpha_3 + \alpha_1\alpha_4 + \alpha_2\alpha_3 + \alpha_2\alpha_4 + \alpha_3\alpha_4 = a_2$$

である。$\beta_1\beta_2 + \beta_1\beta_3 + \beta_2\beta_3$ は

$$(\alpha_1\alpha_2 + \alpha_3\alpha_4)(\alpha_1\alpha_3 + \alpha_2\alpha_4) = \alpha_1^2\alpha_2\alpha_3 + \alpha_1\alpha_2^2\alpha_4 + \alpha_1\alpha_3^2\alpha_4 + \alpha_2\alpha_3\alpha_4^2$$

$$(\alpha_1\alpha_2 + \alpha_3\alpha_4)(\alpha_1\alpha_4 + \alpha_2\alpha_3) = \alpha_1^2\alpha_2\alpha_4 + \alpha_1\alpha_2^2\alpha_3 + \alpha_1\alpha_3\alpha_4^2 + \alpha_2\alpha_3^2\alpha_4$$

$$(\alpha_1\alpha_3 + \alpha_2\alpha_4)(\alpha_1\alpha_4 + \alpha_2\alpha_3) = \alpha_1^2\alpha_3\alpha_4 + \alpha_1\alpha_2\alpha_3^2 + \alpha_1\alpha_2\alpha_4^2 + \alpha_2^2\alpha_3\alpha_4$$

の和だから、

$$\begin{aligned} a_1a_3 &= (\alpha_1 + \alpha_2 + \alpha_3 + \alpha_4)(\alpha_1\alpha_2\alpha_3 + \alpha_1\alpha_2\alpha_4 + \alpha_1\alpha_3\alpha_4 + \alpha_2\alpha_3\alpha_4) \\ &= \alpha_1^2(\alpha_2\alpha_3 + \alpha_2\alpha_4 + \alpha_3\alpha_4) + \alpha_1\alpha_2\alpha_3\alpha_4 \end{aligned}$$

$$+\alpha_2^2(\alpha_1\alpha_3+\alpha_1\alpha_4+\alpha_3\alpha_4)+\alpha_1\alpha_2\alpha_3\alpha_4$$
$$+\alpha_3^2(\alpha_1\alpha_2+\alpha_1\alpha_4+\alpha_2\alpha_4)+\alpha_1\alpha_2\alpha_3\alpha_4$$
$$+\alpha_4^2(\alpha_1\alpha_2+\alpha_1\alpha_3+\alpha_2\alpha_3)+\alpha_1\alpha_2\alpha_3\alpha_4$$

を引くと $-4\alpha_1\alpha_2\alpha_3\alpha_4=-4a_4$ になることから $a_1a_3-4a_4$ に等しい。同様に $\beta_1\beta_2\beta_3$ を計算すると

$$(\alpha_1\alpha_2\alpha_3)^2+(\alpha_1\alpha_2\alpha_4)^2+(\alpha_1\alpha_3\alpha_4)^2+(\alpha_2\alpha_3\alpha_4)^2$$
$$+\alpha_1\alpha_2\alpha_3\alpha_4\left(\alpha_1^2+\alpha_2^2+\alpha_3^2+\alpha_4^2\right)$$

であり、$\alpha_1^2+\alpha_2^2+\alpha_3^2+\alpha_4^2=(-a_1)^2-2a_2$ かつ

$$(\alpha_1\alpha_2\alpha_3)^2+(\alpha_1\alpha_2\alpha_4)^2+(\alpha_1\alpha_3\alpha_4)^2+(\alpha_2\alpha_3\alpha_4)^2=(-a_3)^2-2a_2a_4$$

となるから、$\beta_1\beta_2\beta_3=a_1^2a_4-4a_2a_4+a_3^2$ を得る。

(iv) 次の計算より明らか。

$$\beta_1-\beta_2=(\alpha_1-\alpha_4)(\alpha_2-\alpha_3),$$
$$\beta_1-\beta_3=(\alpha_1-\alpha_3)(\alpha_2-\alpha_4),$$
$$\beta_2-\beta_3=(\alpha_1-\alpha_2)(\alpha_3-\alpha_4).$$

(v) $\sigma\in S_4$ の X への作用は Y への作用を定める。V_4 は β_1,β_2,β_3 を固定するからこの作用は S_4/V_4 の作用を与え、

$$(12)\beta_1=\beta_1,\qquad (12)\beta_2=\beta_3,\qquad (12)\beta_3=\beta_2,$$
$$(23)\beta_1=\beta_2,\qquad (23)\beta_2=\beta_1,\qquad (23)\beta_3=\beta_3,$$
$$(34)\beta_1=\beta_1,\qquad (34)\beta_2=\beta_3,\qquad (34)\beta_3=\beta_2$$

である。

7 (i) 左分配法則、右分配法則の証明は明らか。また結合法則

$$\begin{aligned}(f_1*f_2)*f_3(x)&=\sum_{y\in G}f_1*f_2(y)f_3(y^{-1}x)\\&=\sum_{y\in G}\sum_{z\in G}f_1(z)f_2(z^{-1}y)f_3(y^{-1}x)\\&=\sum_{z\in G}\sum_{y\in G}f_1(z)f_2(z^{-1}y)f_3(y^{-1}x)\end{aligned}$$

$$= \sum_{z \in G} \sum_{y \in G} f_1(z) f_2(y) f_3(y^{-1} z^{-1} x)$$

$$= \sum_{z \in G} f_1(z) f_2 * f_3(z^{-1} x) = f_1 * (f_2 * f_3)(x)$$

が $x \in G$, $f_1, f_2, f_3 \in R[G]$ に対し成り立つ。

(ii) 加群同型なので和を保つ。また単位元 $e \in RG$ が単位元 $\delta_e \in R[G]$ に写る。ゆえに積を保つことのみ示せばよい。$g, h \in G$ に対し

$$\delta_g \delta_h(x) = \sum_{y \in G} \delta_g(y) \delta_h(y^{-1} x) = \delta_h(g^{-1} x) = \delta_{gh}(x) \qquad (x \in G)$$

だから、R–加群同型であることに注意すれば積を保つ。

8 (i) 各 $g \in G$ に対し X に対する和は $gX = \{gz \mid z \in X\}$ に関する和と同じだから、$x, y \in X$ に対し

$$\sum_{z \in X} f_1(gx, z) f_2(z, gy) = \sum_{z \in X} f_1(gx, gz) f_2(gz, gy)$$

である。ゆえに

$$f_1 * f_2(gx, gy) = \sum_{z \in X} f_1(gx, z) f_2(z, gy)$$

$$= \sum_{z \in X} f_1(gx, gz) f_2(gz, gy)$$

$$= \sum_{z \in X} f_1(x, z) f_2(z, y) = f_1 * f_2(x, y)$$

より $f_1 * f_2 \in R[X \times X]^G$ である。$R[X \times X]^G$ は R–加群だから乗法に関する公理のみ示せばよい。左分配法則と右分配法則は明らか。$x, y \in G$, $f_1, f_2, f_3 \in R[X \times X]^G$ に対し

$$(f_1 * f_2) * f_3(x, y) = \sum_{z \in X} f_1 * f_2(x, z) f_3(z, y)$$

$$= \sum_{z \in X} \sum_{w \in X} f_1(x, w) f_2(w, z) f_3(z, y)$$

$$= \sum_{w \in X} \sum_{z \in X} f_1(x, w) f_2(w, z) f_3(z, y)$$

$$= \sum_{w \in X} f_1(x, w) f_2 * f_3(w, y) = f_1 * (f_2 * f_3)(x, y)$$

だから結合法則が成り立つ。ゆえに $R[X \times X]^G$ は $1_{X \times X}$ を単位元にもつ環である。

(ii) 関数 $f : G \times G \to R$ が $R[G \times G]^G$ に属すならば $f(e, x) = f(x)$ とおけば $f \in R[G]$ かつ $f(x, y) = f(x^{-1} y)$ $(x, y \in G)$ である。$f \in R[G]$ に対し $f(x, y) = f(x^{-1} y)$ と定めれば、$f(gx, gy) = f(x, y)$ $(g \in G)$ をみたすのでこの対応が逆写像を与え、R–加群同型

$R[G\times G]^G\simeq R[G]$ を得る。さらに環同型になることを示す。まず $1_{G\times G}\mapsto \delta_e$ は明らかである。次に $f_1,f_2\in R[G\times G]^G$ ならば

$$f_1*f_2(e,x)=\sum_{y\in G}f_1(e,y)f_2(y,x)=\sum_{y\in G}f_1(e,y)f_2(e,y^{-1}x)$$

だから積を保つ。ゆえに環同型 $R[G\times G]^G\simeq R[G]$ を得る。

(iii) Möbius 関数 $\mu(a,b)$ $(a,b\in X)$ を

(a) $\mu(a,a)=1,$

(b) a が b の約数でないとき $\mu(a,b)=0,$

(c) $a<b$ のとき $\mu(a,b)=-\sum_{a|k|b,a\le k<b}\mu(a,k)$

により帰納的に定める。このとき、

$$\mu*f(a,b)=\sum_{k=1}^{n}\mu(a,k)f(k,b)=\sum_{a|k|b}\mu(a,k)=\delta_{ab}$$

だから、行列 $M=(\mu(i,j))_{1\le i,j\le n}$ と $F=(f(i,j))_{1\le i,j\le n}$ に対し $MF=E$ となる。$\det(M)\det(F)=1$ より M と F が逆行列をもち、互いの逆行列になるので $FM=E$ も成り立つ。これは

$$f*\mu(a,b)=\sum_{k=1}^{n}f(a,k)\mu(k,b)=\delta_{ab}$$

を意味する。ゆえに $\mu=f^{-1}$ である。

註 2　$m=p_1^{e_1}\cdots p_r^{e_r}$ $(e_1,\cdots,e_r\ge 1)$ を $m\in\mathbb{N}$ の素因数分解とするとき、

$$\mu(m)=\begin{cases}(-1)^r & (e_1=\cdots=e_r=1\ \text{のとき})\\ 0 & (\text{ある}\ 1\le i\le r\ \text{に対し}\ e_i\ge 2\ \text{となるとき})\end{cases}$$

と定める。ただし $\mu(1)=1$ とする。このとき

$$\mu(a,b)=\begin{cases}\mu(b/a) & (a\ \text{が}\ b\ \text{の約数のとき})\\ 0 & (a\ \text{が}\ b\ \text{の約数でないとき})\end{cases}$$

である。実際、右辺が Möbius 関数の帰納的定義をみたすことを示せばよい。$a<b$ のとき、$a|k|b$ に対する $\mu(a,k)$ の和は b/a の正の約数 k に関する $\mu(k)$ の和だから、示すべきは

$$\sum_{0\le i_1\le e_1}\cdots\sum_{0\le i_r\le e_r}\mu(p_1^{i_1}\cdots p_r^{i_r})=0$$

である。$\gcd(m_1,m_2)=1$ のとき $\mu(m_1m_2)=\mu(m_1)\mu(m_2)$ だから

$$\sum_{0\le i_1\le e_1}\cdots\sum_{0\le i_r\le e_r}\mu(p_1^{i_1}\cdots p_r^{i_r})=\prod_{k=1}^{r}\left(\sum_{0\le i_k\le e_k}\mu(p_k^{i_k})\right)$$

であり、$\sum_{0\le i\le e}\mu(p^i)=\mu(1)+\mu(p)=0$ だから求める等式を得る。

註 3 将来 Galois 理論を学ぶと、$\zeta=\exp(2\pi\sqrt{-1}/n)\in\mathbb{C}$ を解にもつ $\mathbb{Q}$ 上の既約多項式が

$$\Phi_n(x)=\prod_{d|n}(x^{n/d}-1)^{\mu(d)}\in\mathbb{Z}[x]$$

と書けることが示される。

9 (i) 右辺の x^k の係数を計算すると

$$\begin{aligned}\frac{1}{n}\sum_{g=0}^{n-1}\left(\sum_{h=0}^{n-1}\zeta^{hg}f(h)\right)\zeta^{-gk}&=\sum_{h=0}^{n-1}f(h)\left(\frac{1}{n}\sum_{g=0}^{n-1}\zeta^{(h-k)g}\right)\\&=\sum_{h=0}^{n-1}f(h)\delta_{hk}=f(k)\end{aligned}$$

であり、左辺の x^k の係数に等しい。

(ii) $l_g(x)$ の像の $\mathbb{C}[x]/(x-\zeta^i)$ における成分は

$$l_g(\zeta^i)=\frac{1}{n}\sum_{k=0}^{n-1}\zeta^{(i-g)k}=\delta_{ig}$$

だから、求める値は $c(f)$ における $l_i(x)$ の係数 $\sum_{k=0}^{n-1}\zeta^{ik}f(k)$ である。

補充問題（計算ドリル）

1 以下の行列を用いて像表示される。

(1) $\begin{pmatrix}3\\-1\\2\end{pmatrix}$ (2) $\begin{pmatrix}0\\1\\4\\3\end{pmatrix}$ (3) $\begin{pmatrix}1&0\\0&1\\0&4\\-2&-6\end{pmatrix}$ (4) $\begin{pmatrix}1&0\\0&3\\-1&1\\-1&-1\end{pmatrix}$

(5) $\begin{pmatrix}2&0\\0&2\\13&-3\\3&-1\\6&-2\end{pmatrix}$

2 以下の行列を用いて像表示される。

$$(1)\ \begin{pmatrix} 1 & 0 \\ 0 & 1 \\ 0 & -1 \\ -x+1 & -2 \end{pmatrix} \qquad (2)\ \begin{pmatrix} x^2-2x \\ 0 \\ x^2-4x+3 \\ 2x^2-3x-3 \\ -2x^2+5x-3 \end{pmatrix}$$

3 (1) 次元は下記の通り。

$$\dim V_1 = 3, \qquad \dim V_2 = 2, \qquad \dim V_3 = 2, \qquad \dim V_4 = 4, \qquad \dim V_5 = 4$$

(2) V_i の核表示を求めれば $V_i \cap V_j$ が計算できる。$V_i \cap V_j$ の基底は下記の通り。

$$V_1 \cap V_2 = \left\langle \begin{pmatrix} 1 \\ 0 \\ 3 \\ 0 \\ 1 \end{pmatrix}, \begin{pmatrix} 2 \\ -1 \\ 1 \\ -2 \\ 3 \end{pmatrix} \right\rangle, \qquad V_1 \cap V_3 = \left\langle \begin{pmatrix} 1 \\ 0 \\ 3 \\ 0 \\ 1 \end{pmatrix} \right\rangle$$

$$V_1 \cap V_4 = \left\langle \begin{pmatrix} 0 \\ 3 \\ -1 \\ 1 \\ -2 \end{pmatrix}, \begin{pmatrix} 59 \\ -8 \\ 137 \\ -16 \\ 67 \end{pmatrix} \right\rangle, \qquad V_1 \cap V_5 = \left\langle \begin{pmatrix} 2 \\ -1 \\ 1 \\ -2 \\ 3 \end{pmatrix}, \begin{pmatrix} 0 \\ 5 \\ 9 \\ 5 \\ -4 \end{pmatrix} \right\rangle$$

$$V_2 \cap V_3 = \left\langle \begin{pmatrix} 1 \\ 0 \\ 3 \\ 0 \\ 1 \end{pmatrix} \right\rangle, \qquad V_2 \cap V_4 = \left\langle \begin{pmatrix} 59 \\ -8 \\ 137 \\ -16 \\ 67 \end{pmatrix} \right\rangle$$

$$V_2 \cap V_5 = \left\langle \begin{pmatrix} 2 \\ -1 \\ 1 \\ -2 \\ 3 \end{pmatrix} \right\rangle, \qquad V_3 \cap V_4 = \left\langle \begin{pmatrix} 85 \\ 8 \\ 207 \\ -8 \\ 61 \end{pmatrix} \right\rangle$$

$$V_3 \cap V_5 = \left\langle \begin{pmatrix} 4 \\ 1 \\ 6 \\ -1 \\ 1 \end{pmatrix} \right\rangle, \qquad V_4 \cap V_5 = \left\langle \begin{pmatrix} 2 \\ 2 \\ 1 \\ 1 \\ -1 \end{pmatrix}, \begin{pmatrix} 2 \\ 1 \\ 6 \\ 0 \\ 1 \end{pmatrix}, \begin{pmatrix} 4 \\ 1 \\ 3 \\ -1 \\ 5 \end{pmatrix} \right\rangle$$

4 広義固有空間ごとに考えればよい。以下、与えられた行列を A とする。答は下記の通り。

(1) 固有多項式は $\det(xE - A) = (x-1)^3(x-2)$ で広義固有空間は

$$V(1) = \left\langle \begin{pmatrix} 1 \\ 0 \\ 0 \\ 0 \end{pmatrix}, \begin{pmatrix} 0 \\ 0 \\ 1 \\ 0 \end{pmatrix}, \begin{pmatrix} 0 \\ 1 \\ 0 \\ 1 \end{pmatrix} \right\rangle, \qquad V(2) = \left\langle \begin{pmatrix} 1 \\ 0 \\ 0 \\ 1 \end{pmatrix} \right\rangle$$

となる。$V(1)$ は固有空間に一致するから 1 次元部分加群は

$$\left\langle \begin{pmatrix} 1 \\ 0 \\ 0 \\ 1 \end{pmatrix} \right\rangle, \quad \left\langle \begin{pmatrix} a \\ c \\ b \\ c \end{pmatrix} \right\rangle \qquad (a, b, c) \neq (0, 0, 0).$$

2 次元部分加群は $V(1)$ と $V(2)$ の 1 次元部分加群の直和

$$\left\langle \begin{pmatrix} 1 \\ 0 \\ 0 \\ 1 \end{pmatrix}, \begin{pmatrix} a \\ c \\ b \\ c \end{pmatrix} \right\rangle \qquad (a, b, c) \neq (0, 0, 0)$$

または $V(1)$ の 2 次元部分加群

$$\left\{ \begin{pmatrix} x \\ z \\ y \\ z \end{pmatrix} \in \mathbb{C}^4 \;\middle|\; ax + by + cz = 0 \right\} \qquad (a, b, c) \neq (0, 0, 0).$$

3 次元部分加群は $V(1)$ または

$$\left\{ \begin{pmatrix} x \\ z \\ y \\ z \end{pmatrix} \in \mathbb{C}^4 \;\middle|\; ax+by+cz=0 \right\} \oplus V(2) \qquad (a,b,c) \neq (0,0,0).$$

(2) 固有多項式は $\det(xE-A)=(x-1)^3(x-2)$ で広義固有空間は

$$V(1) = \left\langle \begin{pmatrix} 1 \\ 0 \\ 0 \\ 0 \end{pmatrix}, \begin{pmatrix} 0 \\ 1 \\ 1 \\ 0 \end{pmatrix}, \begin{pmatrix} 0 \\ 0 \\ 0 \\ 1 \end{pmatrix} \right\rangle, \qquad V(2) = \left\langle \begin{pmatrix} 2 \\ 2 \\ 3 \\ 1 \end{pmatrix} \right\rangle$$

となる。$V(1)=\operatorname{Ker}(E-A)^2$ であり、1 次元部分加群は

$$\left\langle \begin{pmatrix} 2 \\ 2 \\ 3 \\ 1 \end{pmatrix} \right\rangle, \quad \left\langle \begin{pmatrix} a \\ b \\ b \\ -a \end{pmatrix} \right\rangle \qquad (a,b) \neq (0,0).$$

2 次元部分加群は $V(1)$ と $V(2)$ の 1 次元部分加群の直和

$$\left\langle \begin{pmatrix} 2 \\ 2 \\ 3 \\ 1 \end{pmatrix}, \begin{pmatrix} a \\ b \\ b \\ a \end{pmatrix} \right\rangle \qquad (a,b) \neq (0,0)$$

または $V(1)$ の 2 次元部分加群である。後者を求めよう。

$$A \begin{pmatrix} 1 & 0 & 0 \\ 0 & 1 & 0 \\ 0 & 1 & 0 \\ 0 & 0 & 1 \end{pmatrix} = \begin{pmatrix} 1 & 0 & 0 \\ 0 & 1 & 0 \\ 0 & 1 & 0 \\ 0 & 0 & 1 \end{pmatrix} A_1, \qquad A_1 = \begin{pmatrix} 1 & 0 & 0 \\ 1 & 1 & 1 \\ 0 & 0 & 1 \end{pmatrix}$$

だから ${}^tA_1$ の固有ベクトルを求めればよい。計算の結果

$$\left\langle \begin{pmatrix} 0 \\ 1 \\ 1 \\ 0 \end{pmatrix}, \begin{pmatrix} a \\ 0 \\ 0 \\ b \end{pmatrix} \right\rangle \qquad (a,b) \neq (0,0)$$

が $V(1)$ の 2 次元部分加群である。3 次元部分加群は $V(1)$ または

$$\left\langle \begin{pmatrix} 0 \\ 1 \\ 1 \\ 0 \end{pmatrix}, \begin{pmatrix} a \\ 0 \\ 0 \\ b \end{pmatrix}, \begin{pmatrix} 2 \\ 2 \\ 3 \\ 1 \end{pmatrix} \right\rangle \qquad (a,b) \neq (0,0).$$

(3) 固有多項式は $\det(xE - A) = (x-1)^3(x-2)$ で広義固有空間は

$$V(1) = \left\langle \begin{pmatrix} 1 \\ 0 \\ 0 \\ 0 \end{pmatrix}, \begin{pmatrix} 0 \\ 1 \\ 1 \\ 0 \end{pmatrix}, \begin{pmatrix} 0 \\ 0 \\ 0 \\ 1 \end{pmatrix} \right\rangle, \qquad V(2) = \left\langle \begin{pmatrix} -1 \\ 0 \\ 1 \\ 1 \end{pmatrix} \right\rangle$$

となる。1 次元部分加群は

$$\left\langle \begin{pmatrix} 0 \\ 1 \\ 1 \\ 0 \end{pmatrix} \right\rangle, \quad \left\langle \begin{pmatrix} -1 \\ 0 \\ 1 \\ 1 \end{pmatrix} \right\rangle$$

に限る。2 次元部分加群は

$$\left\langle \begin{pmatrix} 0 \\ 1 \\ 1 \\ 0 \end{pmatrix}, \begin{pmatrix} -1 \\ 0 \\ 1 \\ 1 \end{pmatrix} \right\rangle, \quad \left\langle \begin{pmatrix} 0 \\ 1 \\ 1 \\ 0 \end{pmatrix}, \begin{pmatrix} 1 \\ 0 \\ 0 \\ -1 \end{pmatrix} \right\rangle.$$

3 次元部分加群は $V(1)$ または

$$\left\langle \begin{pmatrix} 0 \\ 1 \\ 1 \\ 0 \end{pmatrix}, \begin{pmatrix} 1 \\ 0 \\ 0 \\ -1 \end{pmatrix}, \begin{pmatrix} -1 \\ 0 \\ 1 \\ 1 \end{pmatrix} \right\rangle.$$

(4) 固有多項式は $\det(xE - A) = (x-1)^2(x-2)^2$ で広義固有空間は

$$V(1) = \left\langle \begin{pmatrix} -2 \\ 1 \\ 0 \\ 2 \end{pmatrix}, \begin{pmatrix} 0 \\ 1 \\ 2 \\ 0 \end{pmatrix} \right\rangle, \qquad V(2) = \left\langle \begin{pmatrix} -1 \\ 0 \\ 1 \\ 0 \end{pmatrix}, \begin{pmatrix} 1 \\ 1 \\ 0 \\ 1 \end{pmatrix} \right\rangle$$

となる。$V(1)$ は固有空間に一致するから 1 次元部分加群は

$$\left\langle \begin{pmatrix} 0 \\ 1 \\ 1 \\ 1 \end{pmatrix} \right\rangle, \quad \left\langle \begin{pmatrix} -2a \\ a+b \\ 2b \\ 2a \end{pmatrix} \right\rangle \qquad (a,b) \neq (0,0).$$

2 次元部分加群は $V(1)$, $V(2)$ または

$$\left\langle \begin{pmatrix} 0 \\ 1 \\ 1 \\ 1 \end{pmatrix}, \begin{pmatrix} -2a \\ a+b \\ 2b \\ 2a \end{pmatrix} \right\rangle \qquad (a,b) \neq (0,0).$$

3 次元部分加群は

$$\left\langle \begin{pmatrix} -2 \\ 1 \\ 0 \\ 2 \end{pmatrix}, \begin{pmatrix} 0 \\ 1 \\ 2 \\ 0 \end{pmatrix}, \begin{pmatrix} 0 \\ 1 \\ 1 \\ 1 \end{pmatrix} \right\rangle, \quad \left\langle \begin{pmatrix} -2a \\ a+b \\ 2b \\ 2a \end{pmatrix}, \begin{pmatrix} -1 \\ 0 \\ 1 \\ 0 \end{pmatrix}, \begin{pmatrix} 1 \\ 1 \\ 0 \\ 1 \end{pmatrix} \right\rangle \qquad (a,b) \neq (0,0).$$

(5) 固有多項式は $\det(xE - A) = (x-1)^2(x-2)^2$ で広義固有空間は

$$V(1) = \left\langle \begin{pmatrix} 1 \\ 0 \\ 0 \\ 0 \end{pmatrix}, \begin{pmatrix} 0 \\ 0 \\ 1 \\ 1 \end{pmatrix} \right\rangle, \qquad V(2) = \left\langle \begin{pmatrix} 1 \\ 0 \\ 0 \\ 1 \end{pmatrix}, \begin{pmatrix} 0 \\ 1 \\ 1 \\ 0 \end{pmatrix} \right\rangle$$

となる。$V(2)$ は固有空間に一致するから 1 次元部分加群は

$$\left\langle \begin{pmatrix} 0 \\ 0 \\ 1 \\ 1 \end{pmatrix} \right\rangle, \quad \left\langle \begin{pmatrix} a \\ b \\ b \\ a \end{pmatrix} \right\rangle \qquad (a,b) \neq (0,0).$$

2 次元部分加群は $V(1)$, $V(2)$ または

$$\left\langle \begin{pmatrix} 0 \\ 0 \\ 1 \\ 1 \end{pmatrix}, \begin{pmatrix} a \\ b \\ b \\ a \end{pmatrix} \right\rangle \qquad (a,b) \neq (0,0).$$

3 次元部分加群は

$$\left\langle \begin{pmatrix} 0 \\ 0 \\ 1 \\ 1 \end{pmatrix}, \begin{pmatrix} 1 \\ 0 \\ 0 \\ 1 \end{pmatrix}, \begin{pmatrix} 0 \\ 1 \\ 1 \\ 0 \end{pmatrix} \right\rangle, \quad \left\langle \begin{pmatrix} 1 \\ 0 \\ 0 \\ 0 \end{pmatrix}, \begin{pmatrix} 0 \\ 0 \\ 1 \\ 1 \end{pmatrix}, \begin{pmatrix} a \\ b \\ b \\ a \end{pmatrix} \right\rangle \qquad (a,b) \neq (0,0).$$

5 下記の単因子を順に並べた対角行列が求める Smith 標準形である。

(1) $2, 2, 6$　(2) $1, 2, 2$　(3) $1, 2, 2, 2$　(4) $1, 2, 2, 2$　(5) $1, 2, 2, 2$

6 像の基底、核の基底、余核は次の通り。

$$(1)\quad \mathrm{Im}(f) = \mathbb{Z}\begin{pmatrix} 0 \\ 1 \\ 1 \end{pmatrix} \oplus \mathbb{Z}\begin{pmatrix} -2 \\ 0 \\ -1 \end{pmatrix} \oplus \mathbb{Z}\begin{pmatrix} -2 \\ 0 \\ 0 \end{pmatrix}, \quad \mathrm{Ker}(f) = \mathbb{Z}\begin{pmatrix} -1 \\ -1 \\ 2 \\ 1 \end{pmatrix},$$

$\mathrm{Cok}(f) \simeq \mathbb{Z}/(2)$.

$$(2)\quad \mathrm{Im}(f) = \mathbb{Z}\begin{pmatrix} 1 \\ 1 \\ 3 \end{pmatrix} \oplus \mathbb{Z}\begin{pmatrix} 0 \\ 0 \\ -2 \end{pmatrix} \oplus \mathbb{Z}\begin{pmatrix} 0 \\ 2 \\ 0 \end{pmatrix}, \quad \mathrm{Ker}(f) = \mathbb{Z}\begin{pmatrix} -1 \\ 0 \\ 1 \\ 0 \end{pmatrix},$$

$\mathrm{Cok}(f) \simeq \mathbb{Z}/(2) \times \mathbb{Z}/(2)$.

$$(3)\quad \mathrm{Im}(f) = \mathbb{Z}\begin{pmatrix} 0 \\ 2 \\ 4 \end{pmatrix} \oplus \mathbb{Z}\begin{pmatrix} 2 \\ 0 \\ 6 \end{pmatrix} \oplus \mathbb{Z}\begin{pmatrix} 0 \\ 0 \\ -4 \end{pmatrix}, \quad \mathrm{Ker}(f) = \mathbb{Z}\begin{pmatrix} 0 \\ 1 \\ -1 \\ 1 \end{pmatrix},$$

$\mathrm{Cok}(f) \simeq \mathbb{Z}/(2) \times \mathbb{Z}/(2) \times \mathbb{Z}/(4)$.

(4) $\mathrm{Im}(f) = \mathbb{Z}\begin{pmatrix}5\\1\\5\end{pmatrix} \oplus \mathbb{Z}\begin{pmatrix}4\\0\\5\end{pmatrix} \oplus \mathbb{Z}\begin{pmatrix}-6\\0\\-6\end{pmatrix}$, $\mathrm{Ker}(f) = \mathbb{Z}\begin{pmatrix}0\\-1\\1\\0\end{pmatrix}$,

$\mathrm{Cok}(f) \simeq \mathbb{Z}/(6)$.

(5) $\mathrm{Im}(f) = \mathbb{Z}\begin{pmatrix}1\\0\\1\end{pmatrix} \oplus \mathbb{Z}\begin{pmatrix}0\\-2\\0\end{pmatrix} \oplus \mathbb{Z}\begin{pmatrix}0\\0\\6\end{pmatrix}$, $\mathrm{Ker}(f) = \mathbb{Z}\begin{pmatrix}-2\\1\\0\\1\end{pmatrix}$,

$\mathrm{Cok}(f) \simeq \mathbb{Z}/(2) \times \mathbb{Z}/(6)$.

(6) $\mathrm{Im}(f) = \mathbb{Z}\begin{pmatrix}6\\1\\3\end{pmatrix} \oplus \mathbb{Z}\begin{pmatrix}-12\\0\\-6\end{pmatrix} \oplus \mathbb{Z}\begin{pmatrix}6\\0\\0\end{pmatrix}$, $\mathrm{Ker}(f) = \mathbb{Z}\begin{pmatrix}2\\1\\-2\\1\end{pmatrix}$,

$\mathrm{Cok}(f) \simeq \mathbb{Z}/(6) \times \mathbb{Z}/(6)$.

7 単因子は下記の通り。ただし単因子は非零定数倍を除いて決まるので、単因子の最高次の係数をすべて 1 にそろえている。

(1) $1, 1, x(x-2)(x-1)$
(2) $1, 1, x(x-1)(x+1)$
(3) $1, x-1, x(x-1)$
(4) $1, x-1, (x-1)(x-2)$
(5) $1, 1, x(x-1)^2$
(6) $1, 1, (x+1)(x-1)^2$
(7) $1, x-1, (x-1)^2$
(8) $1, 1, (x-1)^3$
(9) $1, 1, x^3$
(10) $1, 1, x(x-1)(x+1)$
(11) $1, x, x(x-1)$
(12) $1, x, x^2$
(13) $1, 1, x^3$
(14) $1, x, x(x-1)$
(15) $1, x, x^2$
(16) $1, x, x^2$
(17) $1, 1, x^2(x-1)$
(18) $1, 1, x^3$
(19) $1, 1, x^3$
(20) $1, x, x^2$
(21) $1, x, x$
(22) $1, x, x(x-1)$

ゆえに単因子を順に並べた対角行列が求める Smith 標準形である。

8 $J_d(\lambda) \in \mathrm{Mat}(d, d, \mathbb{C})$ を固有値 λ の Jordan 細胞とするとき、Jordan 標準形を Jordan 細胞の直和で表わす。このとき Jordan 標準形は下記の通り。

(1) $J_3(0) \oplus J_1(1)$

(2) $J_1(0) \oplus J_2(0) \oplus J_1(1)$

(3) $J_1(0) \oplus J_1(0) \oplus J_1(0) \oplus J_1(1)$

(4) $J_2(0) \oplus J_1(1) \oplus J_1(1)$

(5) $J_2(0) \oplus J_2(1)$

(6) $J_1(0) \oplus J_1(0) \oplus J_1(1) \oplus J_1(1)$

(7) $J_1(0) \oplus J_1(0) \oplus J_2(1)$

(8) $J_2(0) \oplus J_1(1) \oplus J_1(2)$

(9) $J_2(0) \oplus J_1(1) \oplus J_1(2)$

(10) $J_1(0) \oplus J_1(0) \oplus J_1(1) \oplus J_1(2)$

(11) $J_4(0) \oplus J_1(1)$

(12) $J_1(0) \oplus J_3(0) \oplus J_1(1)$

(13) $J_2(0) \oplus J_2(0) \oplus J_1(1)$

(14) $J_1(0) \oplus J_1(0) \oplus J_2(0) \oplus J_1(1)$

(15) $J_1(0) \oplus J_1(0) \oplus J_1(0) \oplus J_1(1) \oplus J_1(1)$

(16) $J_1(0) \oplus J_2(0) \oplus J_1(1) \oplus J_1(1)$

(17) $J_1(0) \oplus J_1(0) \oplus J_1(0) \oplus J_2(1)$

(18) $J_3(0) \oplus J_1(1) \oplus J_1(1)$

(19) $J_1(0) \oplus J_2(0) \oplus J_2(1)$

(20) $J_3(0) \oplus J_2(1)$

索　引

数字・アルファベット

あ　行

か　行

さ　行

た 行

な 行

は 行

や 行

有木 進 (ありき・すすむ)

1959 年　下関市に生まれる。
1989 年　理学博士（東京大学）。
東京商船大学（現・東京海洋大学海洋工学部）、京都大学数理解析研究所を経て、
現在、大阪大学大学院情報科学研究科教授。
専門は、ヘッケ環、量子群、代数群の表現論。
著書に『$A_{r-1}^{(1)}$ 型量子群と組み合わせ論』（上智大学数学講究録）、
『工学がわかる線形代数』（日本評論社）がある。

加群からはじめる代数学入門
——線形代数学から抽象代数学へ

2021 年 6 月 10 日　第 1 版第 1 刷発行

著　者　有　木　進
発行所　株式会社 日　本　評　論　社
〒170-8474 東京都豊島区南大塚 3-12-4
電話　(03) 3987-8621 [販売]
(03) 3987-8599 [編集]
印　刷　藤原印刷株式会社
製　本　株式会社松岳社
装　釘　銀山宏子

Printed in Japan
ISBN 978-4-535-78939-5